青岛出版社
QINGDAO PUBLISHING HOUSE

鸣　谢

政协黔西南布依族苗族自治州委员会
政协兴义市委员会
政协兴仁县委员会
政协安龙县委员会
政协贞丰县委员会
政协普安县委员会
政协晴隆县委员会
政协册亨县委员会
政协望谟县委员会
政协义龙新区工作委员会
黔西南广播电视台《金州财经》栏目
黔西南日报社新闻采编中心
中国食文化研究会黔菜专业委员会
《中国黔菜大典》编撰委员会
贵州轻工职业技术学院
贵阳市女子职业学校
黔西南州商务和粮食局
黔西南州饭店餐饮协会
黔西南州饭店餐饮协会黔菜研究会
贵州茂钊文化传播有限公司
贵州御景宴府餐饮有限公司
贵州盗汗鸡餐饮管理公司
贵州狮子楼餐饮有限公司
兴义市渔米之香富贵酒楼

推荐序一

王朝文

第八、九届全国人大民族委员会主任委员，贵州省原省长，中国黔菜总领军

做好金州菜，幸福黔西南

我在贵州和北京工作期间，多次去过黔西南州，每个县我都去过。那个时候交通不便，赶路时间多，观看美景多，但由于工作任务重，对饮食的关注不是太多。后来这也成为我坚持要推广黔菜的初衷。

1990 年，在参观了省里组织的小吃评比比赛后，欣然提笔写下了“弘扬饮食文化，振兴黔菜黔点”这样一幅字。后来有资料显示，我是同等级领导中第一个关注菜系建设的。《贵州日报》还直接提出了黔菜是中国第一个官方菜系的说法。

1994 年，中国食文化研究会成立时，邀请我做了名誉会长，这激发了我对黔菜的潜在热情。回想起我去 37 个国家考察调研的时候，别人无意间说了一句贵州有好酒无好菜，真是有口难辩，索性不解释，只是在心里默默地筹划：有机会就做做与黔菜相关的事。

2001 年，我支持葛长瑞、杜青海、张乃恒、蒋剑华、吴茂钊等同志成立了《中国黔菜》编委会、《贵州美食》编辑部、贵州省食文化研究会、贵州美食科技文化研究中心、《中国黔菜大典》编撰委员会。组织活动，普查调研，出版书刊。整个舆论宣传和黔菜研发工作做得风生水起。时逢餐饮市场大繁荣，外菜系餐

饮来贵阳寻找市场，本土餐饮异军突起，理论结合实践，文化指导市场，黔菜声名快速远播。退休后我跟着凑热闹，继续带领一大帮老中青同志为黔菜发展工作努力工作，陪同他们下乡调研，上京求经，得到业界好评。2004 年，黔西南州举办第一届烹饪大赛，茂钊陪我前去祝贺，赞扬了黔西南州对菜肴的重视与开发，认为金州饮食文化前景大有可为。

2009 年，杜青海、吴茂钊代表我，参加了黔西南州首届美食文化节，开办了黔菜文化展，受到了群众喜爱。我也提了些建设性意见。最近几年，黔西南州举办百年美食评选，由我担任编委会主任的《中国黔菜大典》组织了“寻味黔菜——黔西南行”，一个县一个县地去普查黔菜和食文化。后来黔西南州大作饮食文章，邀请由我做名誉会长的中国饭店协会前来进行精准扶贫，评选授予了中国饭店业绿色食材采购基地、中国三碗粉之乡、中国羊肉粉之乡、中国牛肉粉之乡、中国糯食之乡、中国剪粉之乡、中国辣子鸡小镇等一系列美食品牌。加上早已获得的中国花椒之乡、中国砂仁之乡等品牌，黔西南可谓后来居上，占据了黔菜品牌高地。前不久，省里公布了大美黔菜展示品鉴活动 402 道“最受欢迎菜品”。黔西南州斩获了 41 道，其中兴仁的中国薏仁宴、安龙的荷花宴分别包括 10 多个菜品，算下来，远远超过贵阳的 64 道和遵义的 57 道了，真是可喜可贺。

黔西南州作为国际山地旅游活动永久性举办地，在大旅游、大健康背景下，推动美食配套旅游是可行的，是大有好处的。既能吸引游客、留住游客，又可以推动黔菜出山、黔货出山和特色农产品风行天下。张智勇和吴茂钊跟我说，州政协将把参加大美黔菜活动的菜品集结出版作为落地项目。我看黔西南，有远见，值得大家学习。不仅如此，我看这书还可以作为黔西南州礼品图书、黔西南州美食指南、黔西南州技能培训教材。书中已经总结了黔西南风味菜豪饮爽食民族风、糯食当先多美味、道法自然食材优、本味突出好嗜酸、善用多椒小麻辣、小吃众多香鲜甜等经典宣传语。很好，我支持。

权当作序吧。

推荐序二

张乃恒

贵州省食文化研究会首届秘书长、第二届常务副会长

金州美食香飘九州

我多么想多么想啊，
走遍美食飘香的金州。

金州有数不尽的美景，
金州的美食更令人满目难收！
尝一口马岭瀑布之水，
煮的三碗粉那么醇香；
品一品中国糯食之乡的板栗粽，
恰似双乳峰的乳汁香甜可口！
千年古茶融入了精美菜肴；
五彩糯饭悦目鲜香喜悠悠。
薏仁宴、荷花宴双宴斗艳，

让金州美食更上一层楼！
万峰林孕育了多少生态食材？
千款菜点皆称秀。
四个美誉食州映日月，
五个美食之乡争上游。

品不够的美食看不完的美景，
勇于创新的金州啊，
引领美食新潮流！
金州美食光耀黔州大地，
金州美食香飘九州！

推荐序三

刘黔勋

资深黔菜文化人，贵州鼎品餐饮智库首席策划

贵州味道，黔西南现象

曾几何时，流传的黔菜史认为，贵阳、遵义、安顺三大流派组成了贵州的美食集群。现如今，名不见经传的“金州”却以厚积薄发之势在美食领域展示了一个崭新的“黔西南现象”。它一次性获得国家级美食荣誉牌匾 50 余块，包括 3 块中国十大山地美食，4 块中国名点，22 块中国名小吃，22 块中国名菜，省州名菜名点名小吃若干。这等品牌高产实力使黔西南毫无疑问地跻身贵州美食丰产市州行列。

黔西南州接二连三创造了兴义万人品尝羊肉粉、兴仁万人品尝牛肉粉、贞丰最大木蒸笼一次性制作出 1.5 万个贞丰粽等吉尼斯世界纪录，并初步构建晴隆中国辣子鸡美食小镇，打造了黔西南州中国饭店业绿色食材采购基地和安龙中国食用菌产业基地。美食品类化、产业化和主题化趋势已经形成。谁占据品类和品牌文化的高地，谁就能够拥有强势的竞争力。辣子鸡、糯食、三碗粉、牛肉系列、羊肉系列、食用菌、薏苡仁……正在形成品类特征、品牌优势和主题化，水到渠成地推进了各自产业链环节的产业化，促进了黔西南“三产”生态环境和市场生态环境优化的“三化”现象。贵州的“小吃之州”“清真餐饮之州”“绿色餐饮之州”和“主题餐饮之州”。州府兴义已成为贵州知名“小吃之城”，清真餐饮有声有色，专业而规范；文化主题餐饮有模有样，薏仁宴、荷花宴、全牛宴、清真宴、菌菇宴、药膳席和八大碗乡筵等等，品种品类之多，皆成为贵州之最的市州品牌。创立了兴义“中国羊肉粉之乡”、晴隆“中国三碗粉之乡”、贞丰“中国糯食之乡”、兴仁“中国牛肉粉之乡”、安龙“中国剪粉之乡”五个美食之乡和兴仁“中国薏仁米之乡”、贞丰“中国花椒之乡”、“中国连环砂仁之乡”三个食材之乡。如此后发先至的成绩和成果，源于黔西南州政府的战略布局，成就于大美黔菜活动中各级政府、政协在定位、聚焦和大营销上的正确抉择。从饮食切入，“促一接二连三，三产互动发展”。“人无我有我唯一，人有我优我第一”，已成为这里发展的基本方略和模式。依据优势资源，实行聚焦，已成为顶层设计的“5+3”之中国之乡方针等“一二三四五”为序的五大品牌构架。足以证明，只要黔西南州重视消费者价值，关注市场需求，做好战略布局和顶层设计，选择特有优势资源，选择恰当匹配的有市场基础的发展模式，加强资本思维，精准配置资源，倡导“大众创业，万众创新”，大美黔菜就能出彩，绿色黔菜就能出山，绿色生态黔货就一定会风行天下。

黔西南，“小荷才露尖尖角”。黔西南，大美黔菜的“金州”。这种现象值得关注和研究。

主编序一

吴茂钊

高校烹饪教师，《味道中国》《中国黔菜大典》总主编

山地多美食，金州好味道

如果要给自己找一个健康和身心愉悦的理由，请来黔西南。

来到风景如画、民风淳朴的中国黔西南，不为凡事苦恼烦。

黔西南布依族苗族自治州位于贵州省西南部，东与黔南州罗甸县接壤；南与广西隆林、田林、乐业三县隔江相望；西与云南省富源、罗平县和六盘水市的盘县特区毗邻，是典型的低纬度高海拔山区。人居环境优美，气候资源得天独厚，冬无严寒，夏无酷暑，空气清新，气候宜人，民族众多，风情独特。各民族的音乐、舞蹈、节日、风俗、民居、服饰等独具魅力。布依族音乐“八音坐唱”有“声音活化石”“天籁之音”之称，享誉海内外；彝族舞蹈“阿妹戚托”质朴、纯真、自然，被称为“东方踢踏舞”。布依族的“三月三”“六月六”“查白歌节”，苗族的“八月八”等民族节日，多姿多彩，让人流连忘返。

典型的“一山分四季，十里不同风”和纵横交错的南北盘江、红水河、人工万峰湖等山水资源，孕育着异常丰富的生态食材，滋养着世世代代生活在这片神奇土地上的布依、苗、彝、回、汉等35个民族以及和谐聚居的300多万人民。名不见经传的黔西南山地美食，已拥有“中国饭店业绿色食材采购基地”“中国糯食之乡”“中国薏仁米之乡”“中国羊肉粉之乡”“中国牛肉粉

之乡”“中国三碗粉美食之乡”“中国辣子鸡美食小镇”等称号和荣誉。

十五年来，在经历了黔西南州首届烹饪大赛、黔南州首届美食节、黔西南州百年美食争霸赛和寻味黔菜黔西南行七县一市八日行等活动后，我对黔西南美食有了深深的眷恋和浓厚的感情，非常乐意参与黔西南州政协组织的大美黔菜县级评选活动。传统的兴义羊肉粉、刷把头、杠子面、鸡肉汤圆、董氏粽粑，兴仁的牛肉粉、薏仁米菜肴；贞丰的糯食、保家全牛；安龙的饵块粑、荷花宴；册亨、望谟的五色糯米饭、褡裢粑、虾巴虫、酸笋鱼；普安的林场古茶煎鸡蛋、苗家天麻炖鸡；晴隆的辣子鸡、八大碗仍然经典传承，回味无穷。创新的御景宴府石斛狮子头，盗汗鸡酒楼的百年盗汗鸡，盛味黔水渔庄的酸笋鱼火锅，狮子楼和布依第一坊的“上房鸡”“下江鸭”、美容盘江鱼，兴仁的中国薏仁宴，普安的红茶面，贞丰的水晶五彩粽，晴隆羊等数不尽的精品美馔好味道，让人早已忘记了身在黔西南。

二十载黔菜观察和研究，十五年黔西南美食情结。

早已斩获中国金州之美誉的黔西南，又意料之外地在山地旅游、山地美食中异军突起，独霸一方。其结果是促进老百姓快速富起来，让这张名片更加响亮。

真材实料，黔菜味道；盘江食材，金州味道。

山地多美食，金州好味道。

黔西南州工商联副主席，黔西南州饭店餐饮协会会长

黔西南风味菜的三大特色

因境内已探明的黄金储量高而被授予“中国金州”美誉的黔西南，地处黔桂滇三省区接合部，素有“西南屏障”和“滇黔锁钥”之称，历来是黔桂滇三省毗邻地区重要的商品集散地和商贸中心。民风淳朴，民族饮食文化异彩纷呈。

豪饮爽食民族风

黔西南各族人民的低调体现在服饰的简洁、生活的纯朴和语言的亲和力上。当你踏上这片神秘的土地，最能留下记忆的莫过于扑克牌和汤钵、汤勺、汤碗与酒瓶。正纠结时，入席“开胃菜”环节就要进行了，当地人称“喂饱”。将白酒倒入汤钵中，用汤勺分入饭碗，礼节性的敬酒就开始了。没有开场白，也没有集体酒，更没有酒杯的量杯概念，盛产糯米和善酿米酒的黔西南也许就这样将你送入“梦乡”。不知不觉间，五彩的糯米饭、深山里的香肠腊肉，抑或腌泡的小菜，时令的山菌佳蔬，让人不自觉地“胃饱”。黔西南州的山美水美人美酒美菜更美，美在豪，豪于爽，爽过黔菜之酸辣纯野，为金州黔菜之魂，显西南民族之风。

糯食当先多美味

五光十色的山多如林，名万峰林。峰林间炊烟袅袅，田园环绕，稻米自给自足，尤以糯稻为丰。在缺盐少油的年代，布依族、苗族人家先祖，采山涧花叶根茎，与稻米浸泡，蒸熟而食，既风味独特，又艳丽诱人，此法传承至今。荣誉经典，线上电商，订单不断，线下专卖店与五星级酒店齐上场，早非民间之物。便于携带和保存的粽粑、褡裢粑、糍粑、糕粑名扬天下，成为祭祀先祖、庆祝丰收、赠礼亲朋的首选品；三合汤、鸭肉糯米饭、鸡矢藤粑粑也名扬四海；金县贞丰是全国唯一被中国饭店协会授予“中国糯食之乡”的县城；发源于兴仁的糯甘稠的小白壳薏仁米，成就了“中国薏仁米之乡”称号。产业兴旺，左右定价。一派无糯不香、无糯不欢、无糯不爽的景象。

道法自然食材优

风景如画的江河湖泊、田园草原、洞林山水，孕育着世代取之不尽、用之不竭的“海陆空”生态食材。数不尽的盘江鱼种、万峰水产；闻名于世的盘江黄牛、晴隆山羊、白壳薏仁、顶坛花椒；满山遍野的山野珍奇、苏竹菇菌、千年古茶、瓜果时蔬，四季不断；古法牛干巴、传统酸笋、油浸鸡枞、红豆沙粑、排骨米粽、马帮花生，道法自然。取之山水，回归自然，周而复始。中国饭店协会加冠“中国饭店业绿色食材采购基地”。优质食材衍生的“中国羊肉粉之乡”“中国牛肉粉之乡”“中国三碗粉美食之乡”“中国辣子鸡美食小镇”主题凸显，助推黔货出山，特色农产品风行天下。

主编序三

张智勇

黔西南州饭店餐饮协会常务副会长兼黔菜研究会会长，贵州盗汗鸡餐饮管理有限公司董事长

黔西南菜，风味独特

黔西南州是全国三十个自治州、贵州的三个自治州之一，也是全国最年轻的自治州之一，地处黔桂滇接合部，与六盘水市、安顺市、黔南州相连，是贵州主要的布依族、苗族聚居地，外加彝族、回族、瑶族等三个自治乡的小散居地。典型的多民族饮食积淀，形成了好滋味、嗜吃酸、重糯食、善麻辣的特色。香鲜甜独一味，风格凸显，独具一格，被誉为“金州味道”。

本味突出好嗜酸

很多民族在深山里经历了缺盐时代，为削减缺盐影响而传承了制酸工艺和嗜酸口味，代代相传，今天已转型升级。黔西南酸，酸纯，酸爽！重笋酸、糟辣酸。有别于黔东南米酸、黔西北菜酸、黔北鲊酸、黔东坛酸、黔南异酸。笋酸清亮、糟辣酸红艳，酸味轻淡。布依酸笋鱼，南北盘江多制作，鱼块、鱼圆，样样鲜，鱼味本鲜与笋齐；酸汤鱼，江河湖泊苗家风味煮全鱼，入口清爽，本味突出。盛之味黔水渔，两味融汇开连锁，六店齐发欲出山。酸笋脆爽细腻，略有苦涩，异香诱人，清凉解暑；糟辣酸取当地牛角辣椒精制，辣中回甘红翻天，酸辣爽口鱼肉白。酸，真正地道，佐餐小食醋泡米椒，通常不着盐味，纯酸添加进粉面，不受量多致口味过重的限制，突出原味，辅酸更爽心。

善用多椒小麻辣

喀斯特地貌和高原亚热带季风湿润气候，使这里的各种辣椒和青花椒产量极高。各族人民也嗜好制作辣椒菜和辣椒制品，糍粑辣椒油辣椒、糟辣椒、煳辣椒、醋泡米椒、白壳辣椒、番茄辣酱等数十种辣椒调味品。据记载，抗战时期就盛行起了辣子鸡，现在则是风格多变，数量繁多。晴隆县已多次举办辣子鸡烹饪大赛，努力建设打造“中国辣子鸡美食小镇”；糟辣椒煮鱼，鱼味鲜，口味爽；早餐和蘸水多用煳辣椒、醋泡米椒；油炸、酿馅和炖鸡用的白壳辣椒集中在苗族山区，滋味特别。善用花椒调味，独立运用在咸味粽粑中，香麻适口，成就经典。与辣椒同出场的炒菜、火锅，搭配重香，突出本味，演绎小麻辣金州味道格调。

小吃众多香鲜甜

在常人眼中，金州味道就是小吃味道，香味扑鼻的杠子面、刷把头、鸡肉汤圆，三碗粉中酱香羊肉粉、清香牛肉粉、凉卷粉，板陈糕、瓦饵糕、薏仁蛋糕、糕粑、粽粑、糍粑、盒子粑、豆沙粑、褡裢粑、鸡矢藤粑粑、万峰林玉米炒饭、鸭肉糯米饭、五彩糯米饭等如花似锦，无不以本味优先，香为基础，凸显鲜美。品种繁多的小吃，香甜味品种占据半壁河山，其香浓适口，多用当地山野笋菌、植物花叶根茎与芝麻、苏麻和甘蔗糖调制，或糯米发酵，独一味。

目录

序

兴义

Xingyi

兴仁 Xingren

安龙 Anlong

贞丰 Zhenfeng

普安 Puan

晴隆 Qinglong

Wangmo

谟

兴义

Xingyi

黔西南州首府兴义市，全州政治、经济、文化、信息中心，地处黔、滇、桂三省区接合部中心地带，贵昆南经济圈中心，交通便利，四通八达，素有“三省通衢”之称。

我在兴义等你

朋友，你来过宁静秀美的兴义吗？
那是桂黔滇三省交会的一隅。
朋友，你到过风景如画的兴义吗？
那里是休闲放飞心情的天地！
来吧！我在兴义等你。
我骑着贵州龙手捧兴义飞鱼等你，
让你了解兴义古老历史的足迹。
我用马岭河峡谷瀑布的水，
泡开细寨银峰好茶等你。
品味兴义无穷的魅力！
我坐在万峰林布依小院等你，
为你备好肉香四溢的三碗粉，
还有五彩绚丽的糯米饭，

让你感受兴义人的友好情谊！
等你同乘游船高歌于万峰湖上，
等你在竹林里将八音坐唱欣赏！
兴义啊，它戴着国家给予的多少光环？
只因为它敢于改革开放！
一个闭塞落后的小山城，
立体交通让它飞向四面八方！
经济起飞，
小康起航，
一座现代化城市屹立在祖国西南方！
来吧！朋友，
我在宜居的兴义等你。

天下奇观万峰林，传统小吃有乾坤

旅游的兴起，使酒店餐饮业发展迅猛，富康国际、金州翠湖、皇冠假日、国龙雅阁、赵庄戴斯等五星级酒店成为省会贵阳之外的又一奇观。高星级酒店的餐饮地方化尤为明显，金州跑山鸡、万峰小鱼干、盘江酸笋鱼圆等美馔让人神往；御景宴府研发的“金州十八景”经典美食中的石斛狮子头、狮子楼的布依族全席里的布依狮子头、盗汗鸡酒楼传承四代的非物质文化遗产百年盗汗鸡、福园黔菜馆的当家菜手撕筒骨、连锁企业盛味黔水渔升级创新的酸笋鱼锅、盘江宾馆的竹筒茶香牛头皮、鱼米之乡富贵酒楼的黔龙出山、熊大辣鸡店的黔兔出山等，引领着兴义当下美食，一路高歌，匹配马岭河、万峰林奇观，让美食与旅游相得益彰。

兴义，第一个羊肉粉之乡，也拥有贵州组建的第一个羊肉粉产业集团。传统的羊肉粉、杠子面、刷把头、鸡肉汤圆等四大兴义名小吃中，羊肉粉率先转型升级，打造粉食帝都，董氏粽粑、禾生粑粑坊、媛媛糕粑稀饭等米食都是商旅工作、居家访友中值得品味的小吃。

盗汗鸡

中国名菜、贵州名菜，注册商标。百年传承，古法汗蒸。贵州独有盗汗锅“汗凝技法”无水久蒸，蒸汽凝固成汤，滋补味美。

原料

- 土母鸡……1只（1500克）
- 红枣……20克
- 枸杞……15克

调料

- 盐……5克
- 姜片……6克
- 姜块……5克
- 葱段……6克
- 料酒……6克
- 胡椒粉……3克

【制作方法】

1. 土母鸡治净入锅，加水置火上，下料酒、葱段、姜块汆透，捞出洗净，装入盗汗锅，放入红枣、枸杞，调入盐、姜片、葱段。
2. 汤锅加水上大火烧沸，放入盗汗锅，盖上锅盖；天锅内加入冷水，用中火蒸，不断更换冷水蒸制8小时，蒸至灺烂后起锅，捞出葱段，调入胡椒粉即成。

（兴义市金水北路31号贵州盗汗鸡酒楼　张智勇制作）

石斛狮子头

中国名菜，山地食材，当地石斛，黑毛土猪，贵州风味的精品狮子头。

原料

- 黑毛土猪肥瘦肉末……500克
- 马蹄……150克
- 野生鲜铁皮石斛……30克
- 枸杞……10颗

调料

- 盐……5克
- 葱姜汁……6克
- 料酒……5克
- 胡椒粉……3克
- 鸡蛋清……2个
- 水淀粉……30克
- 高汤……800克

【制作方法】

1. 铁皮石斛洗净，切成4厘米的段；马蹄切成粒放入盆内，下土猪肉末，加盐、料酒、葱姜汁、鸡蛋清、水淀粉并搅打上劲，再做成10个大小均匀的肉丸。
2. 锅内加水，上火烧至微沸，下肉丸小火慢慢煮透成形，捞出后用冷水浸泡去除异味。
3. 高汤撒胡椒粉调味后分装入10个竹制炖盅内，再分别放入肉丸、石斛段、水发枸杞，加盖后，入蒸笼蒸至肉丸熟透入味，出笼即可。

（兴义市桔山大道御景宴府　冉如斌制作）

莲花藕香石榴包

酒店工艺菜。将大众喜爱的剪粉做成石榴包，并将成品菜肴放在辣椒蘸水上，创意值得借鉴。鲜辣脆嫩，形色俱佳。

原料

兴义剪粉……300 克
万峰湖野生虾……150 克
安龙莲藕……150 克
青红椒……50 克
小瓜盏……8 个
熟蟹黄……20 克
长葱丝……8 根

调料

盐……5 克
白糖……3 克
胡椒粉……4 克
姜末……5 克
高汤……800 克
葱花……10 克
香油……5 克
姜葱汁……5 克
料酒……5 克
水淀粉……50 克

制作方法

1. 兴义剪粉制成直径 15 厘米的圆皮。取野生虾净肉切粒，用姜葱汁、料酒码匀，水淀粉上浆。莲藕洗净削皮切粒，适量青红椒切粒。长葱丝入沸水中烫软。小瓜盏中调底味，入锅煮熟摆盘。
2. 部分青红椒切碎，炒香后加入高汤，烧沸；勾二流芡，淋油，制作成鲜辣汁装入小瓜盏中。
3. 净锅上火入油，下姜末、青椒粒炒香，放莲藕粒、虾粒轻炒几下；调盐、白糖、胡椒粉炒熟入味，勾芡，放葱花、香油翻炒起锅制成馅料；取剪粉皮包入馅料，用葱丝捆绑成石榴形；入蒸笼蒸透取出，摆入装有蘸水的小瓜盏上，点缀熟蟹黄即成。

（兴义市桔山大道中维金州翠湖宾馆　马应斌制作）

长堤鲜藕万峰虾，就地取材本土化。
剪粉嫩藕遇鲜虾，吃在西南不想家。

牡丹主富贵，白菜形象化。
杂粮似玉珠，养生自当家。

布依富贵牡丹

杂粮白菜制作的酒店工艺菜。形色美观，咸鲜滑嫩，营养丰富。

原料

大白菜叶	300 克
肉末	100 克
玉米粒	50 克
豌豆	50 克
红椒粒	50 克
咸蛋黄末	50 克
长香葱丝	30 克

调料

盐	6 克
白糖	3 克
胡椒粉	5 克
蚝油	5 克
姜末	6 克
葱花	6 克

【制作方法】

1. 大白菜叶洗净，入沸水锅调底盐，氽透晾凉。长香葱丝入沸水烫熟。
2. 净锅上火入油，下姜末炒香，放肉末、红椒粒、玉米粒、豌豆翻炒几下，调入盐、蚝油、白糖、胡椒粉等炒熟，撒葱花起锅制成馅料。
3. 取白菜叶包入馅料，用长香葱丝捆绑成牡丹状，入蒸笼蒸熟，取出装盘，撒上咸蛋黄末即成。

（兴义市桔山大道富康国际酒店
郭利民制作）

盘江酸笋鱼丸

土菜精做，老字号盘江宾馆接待工艺菜，酸鲜爽口，鱼丸滑嫩。

原料

盘江野生鱼……1000克
酸笋……250克
瓢儿菜……100克
鸡蛋……3个

调料

盐……8克
白糖……3克
胡椒粉……3克
姜片……10克
香葱段……10克
料酒……10克
水淀粉……50克
猪油……30克

制作方法

1. 酸笋切丝，瓢儿菜洗净；野生鱼宰杀，治净，取净肉入盆中加清水、姜片、香葱段、料酒浸泡一小时，至白色无腥味时，捞出沥干水。用搅拌机打成茸泥，加入少许盐、鸡蛋清、水淀粉、猪油，顺一个方向搅打成鱼糁。鱼头、尾及鱼骨入锅，加水用中火炖制成奶汤。
2. 净锅上火加入清水大火烧开，改小火。鱼糁挤成直径3厘米的丸子，入锅煮至熟透浮起，捞出入冷水中浸泡；瓢儿菜入沸水锅汆透。
3. 奶汤滤净鱼骨渣；倒入净锅，下酸笋丝，调入盐、白糖，熬煮出酸香味。下鱼丸、瓢儿菜，调胡椒粉煮至入味，起锅装盘即成。

（兴义市黔西南州盘江宾馆　丁廷山制作）

黔水酸笋鱼

黔西南风味酸汤鱼。酸笋糟辣风格，老品牌，新思路，食客多赞誉。

原料

万峰湖鲇鱼……1500克
布依农家泡酸竹笋……150克
西红柿……150克
大红枣……5颗

调料

盐……5克
白糖……3克
胡椒粉……5克
醋……10克
糟辣椒……200克
芫荽……5克
葱……10克
蒜瓣……5克
姜片……10克
料酒……10克
高汤……1800克

制作方法

1. 将鲇鱼宰杀治净，砍成2.5厘米宽的连刀块，放入盛器，加入少许盐、少许姜片、少许葱段、醋、料酒腌制10分钟。西红柿切滚刀块，泡酸竹笋切成段。
2. 净锅上火入油，下糟辣椒、西红柿块、姜片、蒜瓣、葱段煸炒，放酸笋继续炒出酸辣鲜香味；倒入高汤，放鱼块，调入盐、白糖、醋、胡椒粉煮熟入味，起锅装钵，放红枣、葱花、芫荽点缀即成。

（兴义市黄草镇大佛坊盛知味黔水渔　刘军　卢升军制作）

黔龙出山

布依族特色鱼肴。选用兴义万峰湖野生大鲤鱼，以多种香料腌制入味，炸制成形。布依山乡香料炝味，外酥内嫩，形美味佳。

原料

- 万峰湖大鲤鱼……1500 克
- 芹菜段……30 克
- 芫荽段……20 克
- 胡萝卜片……30 克
- 洋葱片……30 克
- 鸡蛋……2 个

调料

- 盐……6 克
- 料酒……20 克
- 干辣椒段……30 克
- 干辣椒丝……50 克
- 花椒籽……20 克
- 五香粉……6 克
- 生抽……6 克
- 酱油……5 克
- 红油……20 克
- 白糖……10 克
- 花椒油……5 克
- 香油……5 克
- 香葱段……20 克
- 蒜瓣……20 克
- 姜片……20 克
- 干豆豉……30 克
- 干淀粉……30 克

【制作方法】

1. 大鲤鱼治净，从尾部剖开至头部相连，鱼身内打十字花刀。入盛器，放芹菜段、芫荽段、胡萝卜片、洋葱片、香葱段、拍碎的蒜瓣、姜片、盐、白糖、生抽、酱油、料酒、干辣椒段、花椒籽、五香粉腌制 1 小时，使其充分入味后，裹匀全蛋液，拍上干淀粉。
2. 锅入油大火烧至六成热，下鱼炸制定型，改中火浸炸至色泽金黄、外酥内嫩捞出装盘；另锅上火入红油，下干辣椒丝、干豆豉炒香至酥脆，放花椒油、香油浇炝在盘中鱼身上即成。

（兴义市新建村六组 渔米之香富贵酒楼　高小书制作）

黔龙出山鲤鱼跳，布依老翁来指教。
配好香材再创新，香辣奇香九州飘。

布依炝锅盘江鱼

热菜，麻辣鲜香，外脆里嫩。

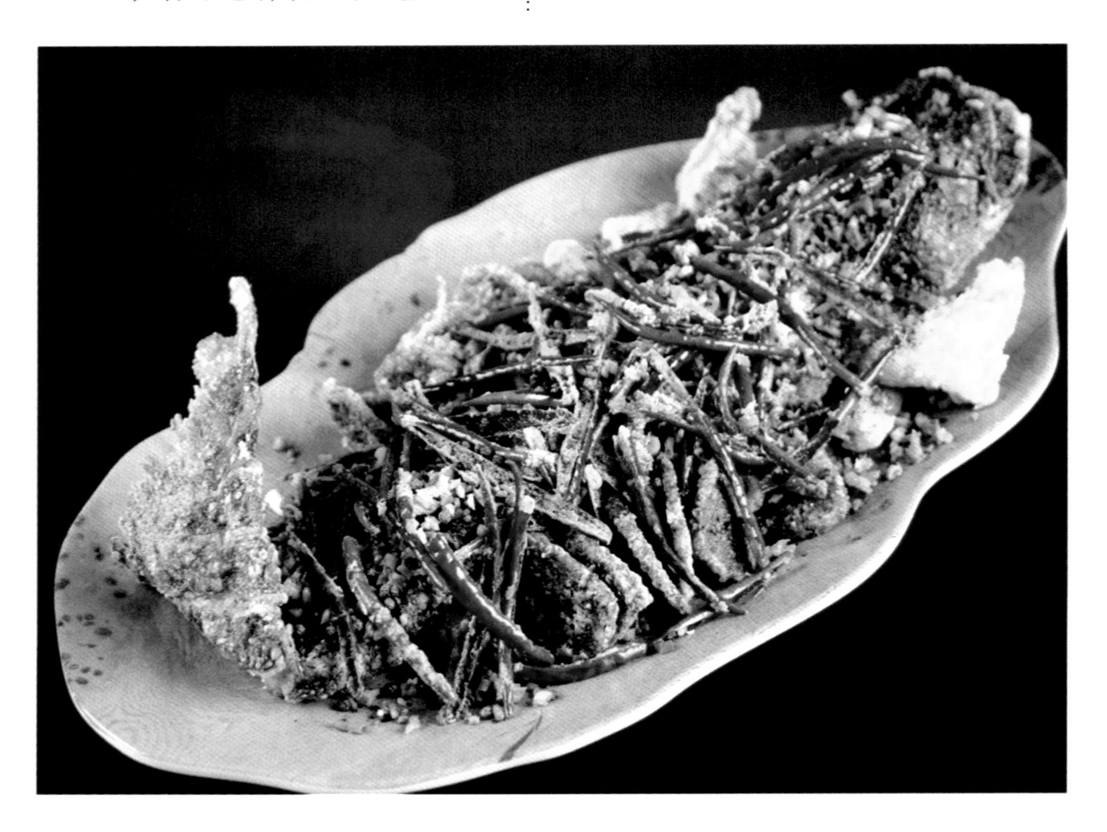

原料

盘江野生鲤鱼……1500 克
自制榨菜丝……150 克
折耳根段……150 克
芹菜段……100 克

调料

盐……12 克
白糖……6 克
酱油……10 克
五香粉……6 克
干辣椒丝……30 克
花椒籽……15 克
花椒油……10 克
姜片……15 克
葱……15 克
料酒……15 克

布依和鱼有古缘，鱼文化已几千年。
精制炝锅脆嫩香，佳肴待客礼为先。

【制作方法】

1. 鲤鱼宰杀治净，打一字花刀，两边片开，入盛器中。加入折耳根段、自制榨菜丝、芹菜段，放入盐、白糖、酱油、少许干辣椒丝、适量花椒籽、五香粉、姜片、葱段、料酒腌制 1 小时入味。
2. 净锅上火入油，烧至六成热，下鱼炸定型。改小火浸炸至熟，再用大火炸至外酥内嫩，捞出滤油装盘成形。锅留油，下干辣椒丝、花椒籽煸炒出香味，加入花椒油，调盐，起锅浇淋在鱼面上，撒葱花即成。

（兴义市桔山社区瑞金路 19 号富康国际酒店　郭利民制作）

风味万峰小鱼干

万峰湖小鱼干炸酥，用兴义豆豉、干辣椒、薄荷叶等炝炒，豉香味浓，香辣酥脆。

原料

万峰湖野生小鱼……400克
兴义干豆豉……40克
薄荷……15克

调料

盐	4克	料酒	15克
香油	5克	白糖	4克
十三香粉	5克	陈醋	3克
姜	15克	酱油	8克
蒜	5克	干辣椒丝	30克
葱段	15克	花椒籽	8克

【制作方法】

1. 万峰湖野生小鱼宰杀治净，入盛器中，加入盐、酱油、十三香粉、干辣椒丝、花椒籽、姜片、葱段、料酒腌制半小时至去腥入味；薄荷洗净。
2. 净锅上火入油，烧至六成热；下小鱼炸至色泽金黄酥脆捞出滤油。锅留底油，下干辣椒丝、花椒籽、干豆豉煸炒至酥脆出味，下姜蒜末炒香，放小鱼，调白糖、陈醋、酱油、香油翻炒均匀，起锅装盘，点缀薄荷即成。

（兴义市瑞金南路60号中维金州翠湖宾馆　马应斌制作）

万峰小鱼出水鲜，投入油锅炸酥干。
豆豉薄荷再煸炒，几杯小酒有梦幻。

金州布依跑山鸡

使用布依风味百年卤汤，传统技法烹制，回归传统。鸡肉香糯，卤味浓郁。

原料

土公鸡……2000 克

自制老卤水……3000 克

调料

姜片……20 克

香葱段……20 克

料酒……20 克

制作方法

1. 土公鸡宰杀治净；净锅加水上火；下整鸡、姜片、香葱段、料酒大火氽透，捞出漂洗干净。
2. 整鸡入自制老卤水锅，大火烧沸，转小火浸卤半小时，熄火浸泡至熟透入味，捞出改刀装盘，拼摆成形。

（兴义市桔山社区瑞金路 19 号富康国际酒店 郭利民制作）

板栗五香鸡

鸡肉软糯，板栗鲜香，香味浓郁，造型美观。

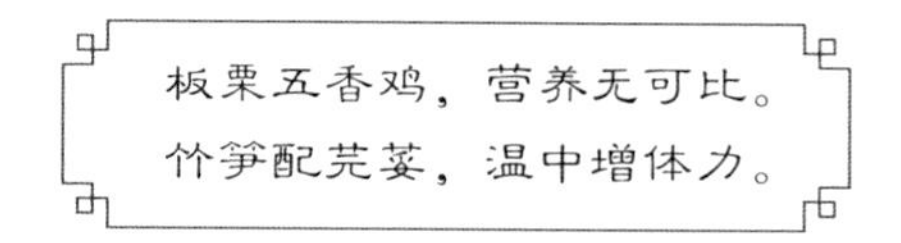

原料

- 土公鸡……1500 克
- 板栗……250 克
- 竹笋丝……200 克
- 折耳根段……100 克
- 芫荽根……50 克
- 香葱根……50 克
- 细辛……50 克
- 小红椒段……30 克

调料

- 自制五香卤水…3000 克
- 盐……5 克
- 白糖……5 克
- 酱油……5 克
- 姜片……15 克
- 葱段……15 克
- 料酒……15 克

【制作方法】

1. 将土公鸡宰杀处理干净。锅入水，放少许姜片和葱段、料酒大火氽透，捞出漂洗净。放入自制五香卤水锅中，小火卤至八成熟捞出晾凉。改刀成条状，皮面朝下，码扣入碗内。
2. 净锅上火入油，下剩余姜片、葱段炒香，放板栗、竹笋丝、折耳根段、芫荽根、香葱根、细辛翻炒，调入盐、白糖、酱油炒香，起锅装于扣碗内鸡块上。封保鲜膜，入蒸笼蒸至熟透。取出板栗，将鸡肉反扣于盘中；将取出的板栗围一圈，点缀小红椒段上桌。

（兴义市黔西南州盘江宾馆　王云制作）

熊氏一品鹅

中国名菜，黔西南著名鹅肴。鹅肉㸆糯，滋补佳品。

熊氏一品鹅，选材条件多。
秘制腌料久，肉香飘满桌。

原料

当地灰鹅..1只（2500克）
红枣……20克
枸杞……20克
白卤水……适量

调料

盐……10克
白糖……5克
胡椒粉……5克
干辣椒……5克
花椒籽……3克
姜块……10克
葱段……10克
料酒……20克
五香粉……10克
香油……5克
鲜汤……150克
水淀粉……20克

【制作方法】

1. 将鹅宰杀治净，入盛器中放少许盐、干辣椒、花椒籽、姜块、葱段、料酒、五香粉腌制30分钟；净锅上火注水烧沸，下鹅汆透捞出。
2. 汤锅上火入白卤水，下鹅肉并调味，卤制㸆糯入味，捞出装盘。
3. 另锅上火，入鲜汤，下红枣、枸杞，调入适量盐、白糖、胡椒粉、香油烧透出味，水淀粉勾二流芡，浇淋在盘中鹅身上即成。

（兴义市桔山向阳路店子上组熊大辣子鸡王　熊远兵制作）

黔兔出金州

香辣杷糯，特色苗家菜肴。苗族传统野生香料与山上放养兔子一起烹制，滋味特别。

山间放养兔体健，没有脂肪蛋白全。
苗家秘制有古方，黔兔出山梦已圆。

原料

当地灰兔 ....1500 克

调料

盐	6 克	十三香	10 克
白糖	6 克	干辣椒	10 克
生抽	5 克	花椒籽	5 克
酱油	5 克	甜酒	20 克
蚝油	5 克	红油	30 克
姜块	20 克	花椒油	5 克
葱段	20 克	香油	5 克
芫荽	20 克	鲜汤	100 克
料酒	15 克	水淀粉	20 克

【制作方法】

1. 整兔处理干净后剖开，入盆中放适量盐、生抽、料酒、十三香、干辣椒、花椒籽、姜块、葱段、芫荽腌制 30 分钟。
2. 锅加水上火，下兔子汆透，捞出滤干，用甜酒抹匀兔全身；另锅入油烧至六成热油温时下兔炸至定型、色泽红亮时捞出；兔子入蒸柜蒸至杷糯取出，改刀成一字条块，入盘拼摆成原状。
3. 净锅上火入红油、鲜汤，调入盐、白糖、酱油、蚝油、花椒油、香油烧出香味，调入水淀粉勾芡、淋明油起锅浇淋在盘中兔肉上即成。

（兴义市桔山向阳路店子上组熊大辣子鸡王　熊远兵制作）

布依狮子头

中国名菜，以“布依刀头肉”制作，形似狮子头。入口即化，香味扑鼻。

原料
- 猪五花肉……1000 克
- 盐菜……200 克
- 莲藕……150 克

调料
- 盐……2 克
- 白糖……10 克
- 味精……3 克
- 酱油……10 克
- 姜块……10 克
- 葱……10 克
- 蚝油……2 克
- 红油……5 克
- 料酒……10 克
- 甜酒汁……10 克
- 鲜汤……150 克
- 水淀粉……20 克

布依刀肉狮子头，接待长老特制肉。
古法精制有特色，入口即化色香留。

【制作方法】

1. 五花肉治净，锅上火加水，放料酒、姜块、葱段煮至八成熟捞出，抹干水，趁热在肉上抹甜酒汁；莲藕切厚片，盐菜入锅调味炒香。
2. 锅上火入油，烧至六成热油温，下五花肉炸至皮皱，呈枣红色时捞出；切成长 10 厘米的厚片，入盛器下适量白糖、蚝油、酱油拌匀。取大扣碗，肉片皮朝下，呈放射状摆成形，上面放盐菜，用保鲜膜封住碗，入蒸笼蒸两小时至烂入味取出；莲藕入锅调味煮熟捞出，平铺摆入盘中，将肉翻扣于莲藕上。
3. 锅再上火入鲜汤，调入盐、白糖、蚝油、酱油、味精烧煮出味；勾二流芡，淋红油，浇淋在盘中的肉上，撒上葱花即成。

金州黑猪排

黑猪肋骨经煮、卤、炸、浇等多个工艺制作，香醇爽口，香味扑鼻。

万峰湖边养黑猪，不必担心煮不熟。
排骨香嫩靠技艺，大气美观博眼球。

原料

农家黑土猪肋骨800克
琥珀核桃仁……500克
老卤水……适量

调料

盐……5克	料酒……15克	糟辣椒……30克
生抽……3克	姜……15克	鲜汤……100克
白糖……6克	葱……10克	水淀粉……20克
陈醋……3克	蒜粒……5克	红油……5克

【制作方法】

1. 黑猪肋骨洗净，砍成25厘米长、12厘米宽的块；净锅上火入水，下排骨块、料酒、姜块、葱段汆煮透至无血水，捞出清水冲洗干净。
2. 卤水锅上火，放排骨块浸卤至熟入味、色泽呈酱红色时捞出，用刀把肉骨分开，排骨摆入盘中，净骨肉片成厚片，拼摆在排骨上。
3. 净锅上火入油，下糟辣椒、姜粒、蒜粒炒香出味；放鲜汤，调入盐、白糖、生抽、陈醋稍煮入味，勾芡，淋红油浇淋在肉上，撒上葱花，旁边点缀琥珀核桃仁即成。

（兴义市膳品家宴　胡荣海制作）

手撕筒骨

猪筒子骨的制法特别，肉骨分离。黔味风格，骨香肉嫩，回味悠长，别有滋味。

原料

带肉筒子骨……1 根（1200 克）
老卤水……适量
红小米椒……20 克
青美人椒段……20 克

调料

料酒……10 克
葱段……10 克
白糖……2 克
卤水汁……3 克
辣椒酱……5 克
胡椒粉……3 克
蒜瓣……15 克
姜片……10 克
水淀粉……5 克
香油……3 克

【制作方法】

1. 筒子骨治净，锅入水上火；下筒子骨、姜片、葱段、料酒氽透捞出；入卤水锅小火煮至熟透捞出，把筒子骨肉用手撕下成小块。
2. 净锅上火入油，烧至六成热时下筒子骨肉爆炒后捞出。锅留底油，下姜片、蒜瓣、红小米椒、青美人椒段煸炒出味；下辣椒酱、筒子骨肉，调入白糖、卤水汁、胡椒粉、料酒翻炒均匀出香味，水淀粉勾芡、淋香油起锅装盘，点缀。

（兴义市湖南街 17 号福园餐厅　彭元国制作）

竹筒茶香牛皮

中国名菜。竹筒盛装，配搭香料，柴火烧熬；鲜辣炬糯，茶香味浓，风味独特。

原料

原料	用量
牛头皮	300 克
毛尖茶	30 克
大红椒	50 克
自制茶香卤水	3000 克

调料

调料	用量	调料	用量
盐	6 克	蒜	6 克
白糖	3 克	姜	15 克
酱油	3 克	葱	15 克
香油	5 克	料酒	15 克

【制作方法】

1. 牛头皮洗净，锅入水上火，下姜片、葱段、料酒大火汆透，捞出漂洗净。另锅中加入自制茶香卤水，小火卤煮至熟，捞出晾凉，改刀切片；大红椒切粒。毛尖茶入壶泡制。
2. 净锅上火入油，下姜蒜片炝香，放牛头皮煸炒几下，再放入大红椒粒、泡好的茶叶煸炒出味，调入盐、白糖、酱油、香油翻炒均匀入味，起锅装盘摆好造型即可。

（兴义市盘江西路黔西南州盘江宾馆　张先兴制作）

盐焗烧羊排

羊排制法何其多？盐焗技艺外来货。
借来粤菜焗烤法，肉嫩鲜香不细说。

（兴义市桔山大道御景宴府　彭辉夏制作）

选用当地羊，用创新工艺烹制，味香浓郁，外酥里嫩。

原料

羊肋排……1000 克
洋葱片……30 克
芹菜段……30 克
胡萝卜片……30 克

调料

盐……2 克
生抽……3 克
芫荽……30 克
姜……30 克
蒜……30 克
香葱……20 克
土鸡蛋……1 个
海盐……200 克
蚝油……3 克
辣椒酱……5 克
胡椒粉……3 克
吉士粉……15 克
干淀粉……10 克
腐乳……1 瓶
十三香粉……5 克
麻辣椒粉……10 克

【制作方法】

1. 羊肋排治净，砍成 10 节 12 厘米的长段。每段羊排顺一头用刀剔骨至 1/3 处，使骨头露出一段；入盛器下洋葱片、芹菜段、胡萝卜片、芫荽段、姜块、拍破的蒜瓣、香葱段、盐、生抽、蚝油、腐乳、辣椒酱、胡椒粉、十三香粉搅拌均匀。打入鸡蛋，下吉士粉、干淀粉和匀，淋适量清油。以鲜膜封住，入冰箱冷藏，腌制 20 小时。

2. 锅入油大火烧至六成热油温时下羊排炸定型，改小火浸炸至色泽黄亮、外酥肉熟脱骨时捞出滤油；将锡纸包裹在羊骨一头上，用麻辣椒粉裹匀。

3. 另锅上火，入海盐翻炒至热烫，起锅装入小平铁锅内，将羊排摆放一圈进行焗制，随酒精炉上桌，即可。

冰雪羊城

晴隆羊的混合吃法，快捷便利，鲜香味浓，羊肉嫩爽。

冰雪羊城为菜名，里脊肉嫩是真情。
冰雪凉爽脂肪少，肉香热低都认同。

原料

羊里脊……550克
碎冰……1000克
羊骨原汤……1000克
西红柿片……50克
柠檬片……50克

调料

盐……12克
白糖……3克
胡椒粉……6克
葱花……15克
柠檬汁……20克
芫荽段……15克
秘制鲜椒蘸酱……100克

【制作方法】

1. 碎冰铺垫于盘中凸起；羊里脊肉切大薄片，拼摆在冰面上，西红柿片、柠檬片叠围一圈；柠檬汁洒淋在羊肉片上，最上面点缀少许芫荽段。
2. 羊骨原汤入锅上火，调入盐、白糖、胡椒粉和匀入味，起锅装入小火锅盆内，撒上葱花与芫荽段；上桌现涮羊肉，蘸食秘制的鲜椒酱即可。

（黔西南州新起点职业培训学校　温兴辉制作）

兴义羊肉粉

中国名小吃。老牌酱香味羊肉粉，源自清末的百年老字号，咸鲜酱香、微麻辣，味浓肉嫩。

兴义刘记羊肉粉，五代传承质上乘。
精选羊肉配佐料，百吃不忘百年情。

原料

鲜米粉	150 克
熟羊肉	30 克
羊血旺	30 克
酸萝卜丁	15 克

调料

盐	1 克
酱油	3 克
麦酱	15 克
花椒粉	2 克
煳辣椒面	5 克
葱花	5 克
芫荽段	5 克
羊肉原汤	150 克

【制作方法】

1. 将熟羊肉切成薄片，羊血旺切成小长方块。
2. 鲜米粉入沸水中烫熟，捞出装碗；羊血旺放入沸水中余熟，捞出和羊肉片放在米粉上，倒入热羊肉原汤，再放炒制的麦酱、酸萝卜丁、盐、酱油、花椒粉、煳辣椒面、芫荽段、葱花即成。

（兴义市荷花塘 59 号刘记羊肉粉馆刘金如制作）

刷把头

中国名小吃。源于清末的百年老字号，贵州烧麦头牌。以金竹笋炒肉末做馅，并灌上辣椒蘸水，咸鲜辣香。

原料

- 面粉……500 克
- 水发金竹笋……500 克
- 鸡蛋……2 个
- 猪瘦肉末……250 克
- 干淀粉……50 克

调料

- 红油辣椒……20 克
- 盐……15 克
- 酱油……8 克
- 醋……8 克
- 胡椒粉……6 克
- 香油……3 克
- 葱花……20 克
- 猪油……适量

【制作方法】

1. 水发金竹笋洗净切成细粒，锅上火入猪油，加适量盐、胡椒粉炒香；起锅装入盛器，放猪肉末、葱花、淀粉搅拌制成馅料。
2. 面粉中打入鸡蛋，加水、盐和匀揉成面团，做成剂子 50 个；并擀成圆形面皮，擀成荷叶状；把馅料放在面皮上，捏拢收口呈刷把状，入蒸笼大火蒸 8 分钟至熟取出装盘。
3. 取小碗放红油辣椒、盐、酱油、醋、胡椒粉、香油、葱花调制成蘸水，随蒸熟的刷把头上桌蘸食。

（兴义市市府路二巷 8 号 郑记灌椒刷把头　郑代红制作）

杠子面

中国名小吃。百年老店，六代品牌，全蛋无水手工面。汤鲜、清香味醇，入口爽滑，为面中一绝。

> 六代相传杠子面，舒氏继承百年店。
> 手工制作难度大，独创口感很少见。

原料

杠子面条……100 克
熟瘦猪肉……30 克
后腿肉……2000 克
土母鸡……2000 克
猪龙骨……1000 克
猪筒子骨……1000 克

调料

盐……1 克
肉末油辣椒……10 克
酱油……5 克
陈醋……3 克
胡椒粉……1 克
姜……80 克
葱……80 克

【制作方法】

1. 制汤。将猪后腿肉 2000 克，土母鸡约 2000 克，猪龙骨 1000 克，猪筒子骨 1000 克，姜块 50 克，香葱段 50 克放入大汤锅，注入清水没过食材。大火烧沸，撇去浮沫，改小火炖 2 小时，加盐调味。将猪腿肉取出留用，原汤保温待用。
2. 将熟瘦猪肉切成丝；杠子面条在沸水中煮熟，捞出装碗中，注入原汤，放猪肉丝、肉末油辣椒、盐、酱油、陈醋、胡椒粉，撒上葱花即成。

（兴义市万峰林下纳灰村舒记老杠子面坊　舒基霖制作）

鸡肉汤圆

鸡肉、猪肉做馅的咸鲜味汤圆，煮熟后再点上特制浓酱，咸鲜浓郁，软糯细滑，回味悠长。

邹记鸡肉汤圆好，百年历史老字号。
绿色美食享美名，精制重质有创造。

原料

汤圆粉（糯米粉）....500 克
鸡肉末 ....200 克
肥瘦猪肉末 ....150 克

调料

盐..............................5 克
胡椒粉......................6 克
芝麻酱......................20 克
湿淀粉......................20 克
鸡汤..........................500 克
葱花..........................20 克

【制作方法】

1. 将鸡肉末、猪肉末放入盛器，加入盐、胡椒粉、湿淀粉搅拌制成馅料。
2. 取汤圆粉 150 克放沸水烫熟后，与剩余汤圆粉一起拌匀揉成团；再搓成条，制成 50 个剂子，捏成扁圆生坯，把馅料包入生坯，搓成直径 2.5 厘米的汤圆。
3. 净锅入水上火烧沸；下汤圆煮熟至浮于水面时，捞出装入碗中，加烧沸的鸡汤。每个汤圆上点缀芝麻酱与鸡汤调制的酱汁，撒上葱花即可。

（兴义市桔山办政务中心楼下 10 号门面邹老五鸡肉汤圆店　徐敏昌制作）

董氏粽粑

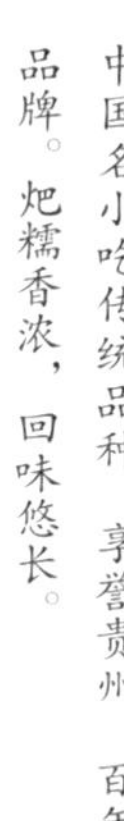

中国名小吃传统品种，享誉贵州，百年传统品牌。粑糯香浓，回味悠长。

董氏粽粑不一般，制法传承上百年。
糯米肉饼糯又香，家喻户晓口碑传。

原料

糯米……1000 克
猪肉末……200 克
黄饭花……100 克
紫色草……100 克

调料

盐……5 克
酱油……5 克
胡椒粉……3 克
香油……10 克

【制作方法】

1. 将糯米用温水浸泡3小时，洗净滤干。分为3份，留1份作白米，其余两份分别用黄饭花汁与紫色草汁泡制，浸泡5小时染上色，捞出滤干水；再把3种颜色的糯米上蒸笼蒸熟取出。

2. 锅上火入油炒制肉末。调入盐、酱油、胡椒粉、香油炒熟盛出；把三色糯米饭分别先盛入圆形模具一层，放炒好的肉末，最后再放相同颜色的糯米饭压实，取出装盘即可。

（兴义市湖南街68号董氏粽粑百年老店　董兴平制作）

青山映绿水，毛豆配青瓜。
一盘家常菜，原味众人夸。

青山绿水

嫩毛豆、嫩南瓜和鲜花椒制作的水豆花。细腻、清香、色艳、爽口。

原料

- 嫩毛豆……200 克
- 水发黄豆……100 克
- 嫩南瓜……150 克

调料

- 盐……6 克
- 鲜花椒……8 克
- 胡椒粉……3 克
- 水淀粉……10 克
- 香油……3 克
- 石灰水……适量

【制作方法】

1. 嫩毛豆与水发黄豆制成豆浆；南瓜、鲜花椒制成汁。

2. 净锅加水大火烧，加入豆浆烧沸；改小火，慢慢多次点制石灰水，待煮制成豆花后，倒入用嫩南瓜、鲜花椒制成的汁，调入盐、胡椒粉煮入味后，用水淀粉勾二流芡，淋香油起锅，装入小碗即成。

（兴义市坪东办双龙路 14 号膳品家宴　罗永红制作）

兴仁

Xingren

“兴旺之地，仁义之乡”的兴仁县，是黔西南布依族苗族自治州下辖县，地形西高东低，县内地势起伏较大。物产丰富，饮食独特。

兴仁放歌

我站在青龙山上放歌，

歌唱兴仁壮美的山河。

放马坪的紫色花海，

散发出诱人的香气，

风吹草低见牛羊，

好一派高原塞外的美景！

麻沙河梦幻奇伟啊，

真武山岩洞又是一番奇境。

那一片片薏仁米的田野，

神奇药效多么令人推崇，

如今又摆上多彩的餐桌。

看改革开放的新生活。

勤劳创新的兴仁人呀，

在改革大潮里尽显威风！

运煤车不再爬行在乡间小路，

巴铃工业园响起隆隆机声，

黄金从沙土里吐出灵气，

让兴仁经济发展有了新的支撑！

北盘江带着微笑走来，

一朵浪花一支歌。

唱不尽兴仁新变化，

县改市又迈上新的征程。

踏上征程，放歌兴仁

兴仁，重现中国薏仁宴，发展长寿之乡大产业。

兴仁，中国诗词之乡、中国长寿之乡、中国薏仁米之乡、中国牛肉粉之乡。

“仁义之乡，兴旺之地”“长寿之乡，康养福地”分别阐释了兴仁的名字含义，说明了兴仁宜居宜商。

在兴仁，早餐可以来一碗著名的南盘江小黄牛制作的牛肉粉，或盒子粑加豆浆稀饭、八宝粥，也可以吃辣鸡面、炖鸡面、卷粉或者三合汤。华灯初上，在标志着城市繁华程度和人民生活水平以及展示地方风味美食的夜市上，炭烤肥牛、鸡矢藤粑粑、糕粑、冰粉相继上桌，直呼撑不下，如何睡得着？布依族、苗族、彝族饮食和八大碗、全牛宴，辣子鸡、酸汤鱼等家常菜、农家菜百花齐放，口味纯正，满口溢香。

从古夜郎国和东汉时期交乐汉墓出土的夜郎庖厨俑，到东汉时期伏波将军的薏仁米被当作珍珠；从大禹之母因为吃了兴仁薏仁，终于生下大禹，促成大禹治水的传说等广为人知的故事中了解到，在兴仁，薏仁米充当了生活中重要的角色。近年县薏仁米产业办积极推进，邀请专家结合地方力量，组建团队，

研发推出了中国薏仁宴，并不断改进提升。并由中国烹饪大师、黔西南州饭店餐饮协会常务副会长张智勇先生起草研发，王利君副秘书长牵头，联合兴仁大酒店、帝贝度假村和兴仁特色馆的唐福、刘纯金、宋锡彪、陈宇达，《中国黔菜大典》编辑吴昌贵等大厨潜心研发。县文联秘书长杨卿深挖历史，县长方先红，县政协主席范国美、副主席邱锦林等全程参与大美黔菜兴仁品鉴活动，复原创新中国薏仁宴18款美食。参与研发的三家企业非常重视，并将其细分为迎宾宴、旅行宴、家宴等满足社会不同需求，提升兴仁美食境界，拓宽薏仁市场，聚力扶贫攻坚。

贵州省黔西南布依族苗族自治州兴仁县，享有“中国薏仁米之乡”“中国长寿之乡”“中国牛肉粉之乡”“中国诗词之乡”等荣誉称号。独特的地理环境和气候条件，造就了兴仁薏仁米色白、饱满、富含蛋白质的特点。其食用和药用价值极高，并因此形成了独具特色、闻名于世的“兴仁薏仁米”品牌。2016年种植面积达15万亩，产量达4万余吨，综合产值5亿元左右。2017年，种植面积扩大至35万亩。曾获得国家地理标志认证和“无糖产品”认证。

薏　仁

《烹饪原料学》教材中谷物一章，将薏仁米叙述为，主产于黔西南州，占全国总产量的90%。兴仁县为最，古籍对此多有记载。薏米原产我国，公元754年我国即把它列为宫廷膳食之一。《后汉书·马援传》载，东汉大将军马援官至伏波将军。他率部在交趾作战时，南方山林湿热、瘴气横行，经常食用薏米，不但能轻身省欲，而且能战胜瘴疟之气，屡立战功。说薏仁米是米中第一，一点也不为过，民间直接以薏仁替代五谷祭祀，俗称五谷子。

中国薏仁宴

药食双香薏仁宴
兴之为盛，仁之为善，
兴仁是兴盛友善的地方。

一颗颗珍珠似的薏仁米啊，
让兴仁成为中国薏仁米之乡！
饥时为食，
病时为药，
美味佳肴亦疗伤。
一席薏仁宴啊，
千年的传说令人难忘！
彝族的自杞王国，
用薏米当作盛宴饯行出征的勇士，
东汉马援在热瘴盛行时用于军粮。

创新智慧的兴仁人啊！
用现代烹饪献出一席薏仁宴，
让薏仁米香气在全球上空飘扬！
薏仁米呈现浓浓的文化氛围，
味美质优又健康。
独具一格的薏仁宴啊，
怎能不吸引世界的目光？

中国兴仁薏仁宴开发

开发团队：

策　　划 / 邱锦林　张智勇　王利君

起草研发 / 张智勇

技术指导 / 吴昌贵

研发制作 / 唐　福　刘纯金　宋锡彪

陈宇达　吴昌贵

文化顾问 / 杨　卿

仙翁薏彩冻

兴仁，薏仁之乡、长寿之乡，当系仙翁所向往。皮冻凉爽，蛋粑细腻，咸鲜，微甜，形象像仙鹤，甜味适中，老少皆宜，入口即化。首菜祝福顾客快乐、健康、长寿。

原料

- 小白壳薏仁米……500 克
- 鸡蛋……10 个
- 猪皮冻……2000 克
- 菠菜……500 克
- 南瓜……500 克
- 胡萝卜……500 克
- 紫甘蓝……500 克

调料

- 盐……10 克
- 白糖……10 克

薏仁蛋糕甜咸鲜，薏米皮冻彩相连。
仙翁乘鹤何处去，兴仁古城有奇缘。

【制作方法】

1. 将所有蔬菜分别打成汁。
2. 把薏仁米跟各种蔬菜汁混合，加猪皮冻一起烧开，加盐、白糖调味，熬成皮冻；放入碗中，再移进冰箱冷藏成形，鸡蛋黄、蛋白分开做成蛋黄糕、蛋白糕。
3. 用薏仁米捏成仙鹤形状的坯子，再将蛋白糕层层拼摆上去，做成仙鹤的羽毛形状即可。

琥珀薏米花

这是道传统小吃和下酒菜。用蜂蜜、冰糖、白糖与薏仁米花制成菜，香甜脆爽，形色如琥珀，色泽光亮。好看又好吃。

原料

薏仁米花……100克
薏仁米……100克

调料

冰糖……30克
蜂蜜……10克

【制作方法】

1. 将薏仁米入油锅炸至酥脆。
2. 油放入锅中，放入冰糖再加水熬制，并加入少许蜂蜜，炼制成琥珀色的糖浆。
3. 在糖浆中放入炸过的薏仁米，加入薏仁米花翻炒，使之均匀裹上糖浆，出锅晾凉，即可。

田园赛秋色

选取田园时令蔬菜的嫩叶、花朵和菜尖与野菜，用薏仁粉糊裹炸。爽口、脆嫩鲜香，外酥脆，蔬香味浓，地道农家风味，佐酒佳品。

南瓜花儿美，麻蒿菜清香。薏仁粉成团，秋色好风光。

原料

南瓜花……100克
麻蒿菜……100克
辣椒尖……100克
五加皮……100克
薏仁米粉……150克

调料

盐……4克
花椒粉……2克
胡椒粉……2克
味精粉……1克
辣椒粉……2克

【制作方法】

1. 将薏仁米粉和上盐，给南瓜花、辣椒尖、麻蒿菜、五加皮分别裹上一层薏仁米粉，放入五成热油温锅中炸至香脆捞出。
2. 将盐、味精粉、花椒粉、胡椒粉、辣椒粉调匀制成椒盐味；将炸好的4种制品，装盘摆出造型，撒上椒盐即可。

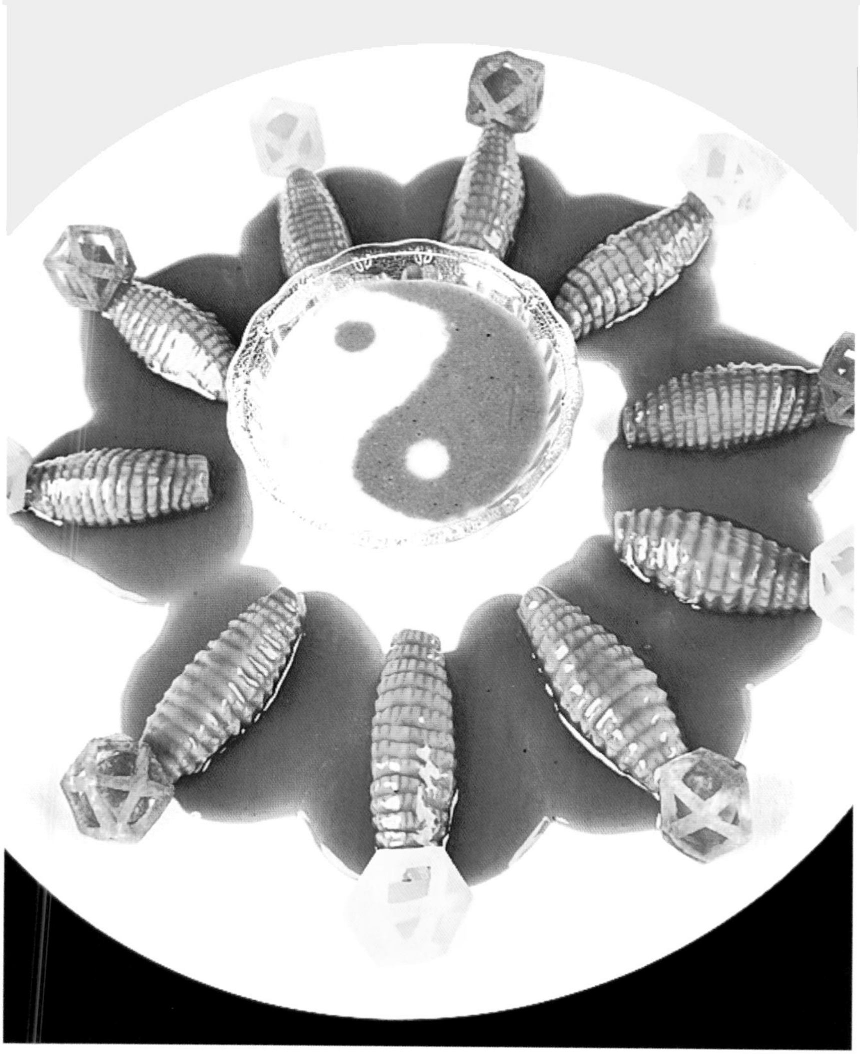

薏仁戏海参

造型逼真，入口筋道，回味香浓。用杏鲍菇制成素海参，把薏仁米和肉末填入菇身。让薏仁菜兼具山海双珍特性，山珍摇身变海鲜。

山间鲍菇藏薏仁，色香味形似海参。
阴阳苡美寓意深，山野美食印象深。

原料

杏鲍菇…………600 克
熟薏仁米…………150 克
肉末…………150 克
鸡蛋…………1 个
高汤…………500 克

调料

盐…………2 克
鲍汁…………10 克
老抽…………3 克
冰糖…………3 克
水淀粉…………15 克

【制作方法】

1. 杏鲍菇雕刻成镂空海参状；熟薏仁米、肉末、鸡蛋、水淀粉入盆，放入盐、鲍汁、老抽、冰糖等调味，制成馅料，填入雕刻好的杏鲍菇内制成素海参生坯待用。
2. 煲汤锅上火倒入高汤，放入素海参生坯，改小火烧入味后捞起装盘，原汁用水淀粉收芡，浇淋在素海参上即可。

薏仁珍菌汤

野生鸡枞、竹荪、小白壳薏仁米，同为兴仁特产。这道菜汤清味醇，养身保健，鲜香滋味。一碗接一碗，菌香汤鲜忘不了。

原料

小白壳薏仁米......150 克
当地野生鸡枞菌 100 克
肉末......150 克
清鸡汤......1500 克
水发竹荪......12 棵
菜胆......12 棵
鸡蛋......1 个

调料

姜......3 克
葱......5 克
盐......4 克
胡椒粉......3 克

野生鸡枞菌，薏米熬鸡汤。
竹荪成绝配，山珍多营养。

【制作方法】

1. 薏仁米煮熟，与肉末、鸡蛋、姜末、葱花、胡椒粉、盐一道放于盆内调味制成馅料。用裱花袋把馅料填入竹荪内用葱扎口；鸡枞菌洗净撕成粗丝，待用。
2. 取味盅放入酿竹荪生坯、鸡枞菌丝、菜胆，调入清鸡汤入蒸笼蒸熟入味即可。

屯脚烧鲜鱼

肉鲜细腻，椒香鲜麻，醇香爽口，香气扑鼻。

原料

生态鲤鱼……1200 克
小白壳薏仁米150 克
肉末……50 克
当地青椒……100 克
鲜花椒……10 克
薏仁米酒……5 克
山泉水……500 克

调料

盐……5 克
白糖……3 克
酱油……3 克
葱……50 克
姜……8 克
淀粉……3 克
花椒油……5 克

【制作方法】

1. 鲤鱼宰杀从鳃部清理肚肠至干净；薏仁米煮熟后与肉末、姜末、葱花一起入盆，调味拌匀制成馅料；将馅料填入鲤鱼肚里，用牙签封口，淋上薏仁米酒腌制 5 分钟。
2. 锅上火入油，烧至六成热油温时下入鲤鱼，炸至外金黄内熟时捞出。
3. 锅留油下青椒圈、鲜花椒、姜末炒香；倒入山泉水，放入炸好的鲤鱼。用盐、白糖、酱油、花椒油等调料调味，在小火上烧入味后装盘，原汁勾芡浇在鱼上，撒上葱花淋热油即可。

薏米炖全鸡

结合了当地特优生态绿色食材，用小火慢炖而成。薏仁米炖鸡是最常见的家庭菜。整鸡象征团结和睦，和和美美，吃一口香嫩的鸡肉，喝一碗清澈的鸡汤。美味不多说。

土鸡要吃薏仁米，奋不顾身跳锅里。排骨腊肉来相救，汤鲜肉香人称奇。

原料

当地土母鸡 1500 克	冬笋 50 克
小白壳薏仁米 300 克	香菇 50 克
农家腊肉 50 克	枸杞 5 克
黑土猪排骨 100 克	山泉水 2500 克

调料

盐 6 克
胡椒粉 3 克
姜块 10 克
香葱段 6 克

【制作方法】

1. 将土母鸡宰杀治净，入沸水氽透，取出晾凉。薏仁米水发泡软，腊肉切厚片，排骨砍小块，冬笋、香菇切片，然后放入盆内，加入姜、香葱段、枸杞调味拌匀后，塞入母鸡体内待用。
2. 汤锅上火倒入山泉水，放入处理好的母鸡，用小火慢炖至炽烂，加盐、胡椒粉等调味即可。

薏面块焖鸡

面食与菜肴合壁，本是北方所爱；用薏仁面块与鸡同烹，则是兴仁所创，鸡肉炖嫩，面块软糯，麻辣鲜香味浓郁，其中滋味，唯有一尝方知。

原料

仔公鸡……1500 克	糍粑辣椒……50 克
薏仁粉……300 克	豆瓣酱……20 克
面粉……150 克	薏仁米酒……10 克
青红椒……30 克	花椒籽……5 克
干辣椒……30 克	

调料

盐……5 克	葱段……10 克
白糖……4 克	蚝油……5 克
酱油……6 克	料酒……5 克
蒜泥……15 克	
姜块……10 克	

【制作方法】

1. 将仔公鸡宰杀，去除内脏洗净切块备用。面粉与薏仁粉中加入温开水和成面团，发酵半小时后，做成面饵块备用。
2. 锅上火加入底油，放入糍粑辣椒、豆瓣酱、干辣椒、蒜泥、花椒籽炒出香味下入切好的鸡块，加入盐、料酒、蚝油、酱油、白糖、青红椒、香葱段等快速翻炒出香味，加入高汤、喷点薏仁米酒，随后入高压锅内压 5 分钟，即可倒入锅中，加入面饵块，快速收汁即可。

薏仁炒乳鸽

天上飞的除了斑鸠当数鸽子肉最鲜嫩。薏仁炒乳鸽，香味合璧更为香，脆嫩爽口，咸鲜香辣，开胃下饭，营养丰富。

原料

熟薏仁米……150 克
乳鸽……2 只
青红辣椒……50 克
野山椒……30 克

调料

盐……3 克
白糖……2 克
辣椒酱……5 克
蚝油……3 克
香油……3 克
姜米……3 克
葱花……3 克
水淀粉……10 克

薏仁煮熟似珍珠，乳鸽精炒香气殊。
青红鲜椒添花色，叶椒麻口冒汗珠。

［制作方法］

1. 将乳鸽宰杀处理干净，取肉改刀成小丁，码味上浆；青红辣椒切小丁，野山椒切碎待用。
2. 锅上火入油烧至四成热油温，下鸽肉丁滑散滤出；锅留油下姜米、鲜椒丁炒香至熟，下野山椒、辣椒酱炒出味，再下鸽肉丁、熟薏仁米，加盐、白糖、蚝油、辣椒酱、姜米等调味，翻炒均匀成熟出香味时撒葱花，水淀粉勾芡，淋香油装盘即成。

薏香山羊排

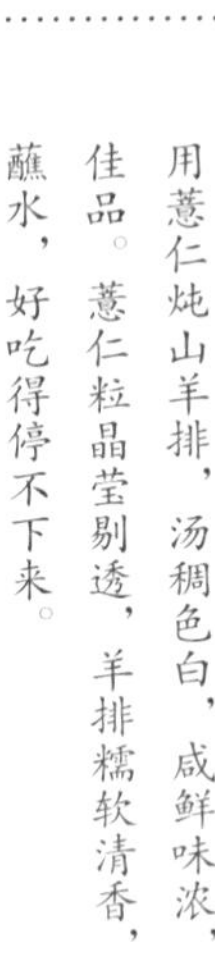

用薏仁炖山羊排，汤稠色白，咸鲜味浓，滋补佳品。薏仁粒晶莹剔透，羊排糯软清香，佐以蘸水，好吃得停不下来。

兴仁山羊肉嫩香，白壳薏米熬白汤。
薏苡鲜椒做点缀，滋补养生好营养。

原料

兴仁黑山羊排……1500 克
小白壳熟薏仁米……150 克
薏仁米汁……150 克
青、红尖椒……各 10 克
山泉水……1500 克

调料

盐……6 克
味精……3 克
胡椒粉……3 克
花椒籽……3 克
姜……10 克
葱……10 克
香油……3 克
自制辣椒酱……30 克

【制作方法】

1. 羊排治净，改刀成大小排相连的两块长方扇。锅入水烧开放入羊排汆透待用。
2. 锅上火放入羊排，下山泉水、盐、味精、胡椒粉、花椒籽、姜、葱等调味后煮至脱骨烂软，捞出装盘并摆成造型。
3. 另锅入油下青红尖椒炒熟，下入原汤、薏仁米汁、熟薏仁米烧入味，勾芡浇淋在盘中羊排上，用自制辣椒酱味碟蘸食即可。

薏仁锅巴牛肉

在薏仁米中加入薏仁粉，炸成薏仁米锅巴，麻辣，酥香，鲜香。锅巴酥脆，牛肉干香有嚼劲，酒饭两宜。

原料

- 薏仁米锅巴..........150 克
- 北盘江小黄牛肉 150 克
- 芝麻..........5 克
- 当地干辣椒..........30 克
- 当地青红椒..........30 克
- 当地香芹菜..........20 克

调料

- 盐..........5 克
- 白糖..........3 克
- 味精..........2 克
- 酱油..........3 克
- 陈醋..........3 克
- 辣椒酱..........5 克
- 香油..........3 克
- 花椒籽..........5 克
- 姜、蒜..........各 3 克

薏仁锅巴盘中会，黄牛肉片紧相随。
多种椒菜增口味，麻辣鲜香爽口脆。

【制作方法】

1. 黄牛肉切片，用盐、姜、陈醋、花椒籽等腌制入味，下入油锅炸至半干呈红褐色时捞出；薏仁米锅巴入油锅炸至酥脆。
2. 锅留油下干辣椒、花椒籽炒香，放青红椒段、姜蒜片、辣椒酱炒香出味，再放入炸好的牛肉片、薏仁米锅巴翻炒，调入盐、白糖、味精

酸汤薏仁粑

黔西南风味的糟辣椒酸汤底，牛肉补味，薏仁面块细腻化渣，酸爽可口，肉嫩爽滑。

原料

小白壳薏仁粉……300 克
白玉兰面粉……100 克
北盘江小黄牛肉 200 克
当地糟辣椒……150 克
当地西红柿……200 克

调料

盐……5 克
胡椒粉……5 克
高汤……2000 克
姜、蒜……各 20 克

薏米巧制耳状粑，秘制酸汤有奇法。
配上牛肉汤更浓，老幼皆宜众人夸。

【制作方法】

1. 小白壳薏仁粉和白玉兰面粉混合均匀，加温水和成面团，直到不粘双手即可；牛肉切片用盐、姜腌制。
2. 锅上火下入底油，放入糟辣椒、西红柿、姜、蒜炒香，再放入高汤、胡椒粉调味。面团捏成猫耳朵形状。锅内加水烧开后转小火，放入牛肉煮至熟透即可出锅。

薏仁养生菜

当地菜心有突出的乡土味，好食材、好汤，与土法制作的豆腐等一同烹制，豆香味、清香味、本真味，美颜养生。

原料

当地菜心..........200 克
熟薏仁米..........100 克
当地玉米粒.......30 克
农家嫩豆腐.......50 克
枸杞..........................3 克
高级奶汤..........300 克

调料

盐..............................3 克
胡椒粉.....................2 克
水淀粉.....................5 克

农家菜心本味醇，薏米除湿最养生。
白玉豆腐金玉米，素食美颜更年轻。

【制作方法】

1. 菜心洗净切小段，豆腐切粒。
2. 锅上火下入奶汤，放玉米粒、菜心、豆腐、薏仁米、枸杞煮熟，加盐、胡椒粉等调味，用水淀粉勾二流芡起锅即成。

薏仁蓝莓酥

薏仁粉与山药制成面饼坯，裹上蛋液及面包糠，炸出外酥内软的质感。色泽金黄诱人，外酥里糯，果香味浓，再蘸食蜂蜜与蓝莓酱制成的酱汁，甜蜜、果香、营养。

原料

- 小白壳薏仁米……500 克
- 山药……200 克
- 白糖……15 克
- 蓝莓果酱……20 克
- 当地蜂蜜……5 克
- 面包糠……150 克
- 糯米纸……12 张

【制作方法】

1. 将薏仁米洗干净泡 24 小时蒸熟捣碎。山药蒸熟去皮捣碎，加白糖、当地蜂蜜拌匀，放入保鲜盒急冻成薏仁酥坯待用。
2. 将冻好的薏仁酥坯切成长方条，用糯米纸包好，裹上鸡蛋液，拍上面包糠。放入六成热油温的锅中炸至金黄色。捞出改刀，淋上蓝莓酱即可。

吃烤鸭，炸春卷，都要用到面粉做薄饼。此处用薏仁粉裹蛋皮包鲜蔬火腿卷制炸食，外酥里嫩，形美味香，价值高，味道棒。

原料

薏仁米……100 克
薏仁粉……100 克
蛋皮……10 张
莴笋……100 克
胡萝卜……100 克
火腿……50 克
大葱……50 克
鸡蛋……1 个

调料

盐……3 克
白糖……2 克
香油……3 克

薏仁米皮薄又实，莴笋胡萝卜葱丝。
皮蛋火腿增香味，尝到口中方怨迟。

【制作方法】

1. 薏仁米煮熟；莴笋、胡萝卜、火腿、大葱分别切丝。锅上火入油，放入熟薏仁米，加盐、白糖、香油等调味炒熟盛出，用蛋皮包裹成卷，沾上蛋液裹匀薏仁粉待用。
2. 另锅上火入油五成热油温，下薏仁卷炸至酥脆、颜色金黄时，捞出改刀装盘即可。

鸡枞薏仁面

薏仁面条、油炸鸡枞菌皆是兴仁特产。古法制作的鸡枞混合薏仁面拌食，咸鲜辣香，口感筋道，风味突出。实为特色小吃佳品，只能在兴仁品到爽，品到爆！

原料

小白壳薏仁面条500 克
当地野生鸡枞菌100 克
绿豆芽……50 克
海带……50 克
黄瓜……50 克
胡萝卜……50 克
自制辣椒酱……30 克

调料

盐……3 克
白糖……3 克
酱油……6 克
醋……8 克
蒜泥……10 克
葱花……5 克
辣椒油……15 克
花椒油……5 克
香油……3 克

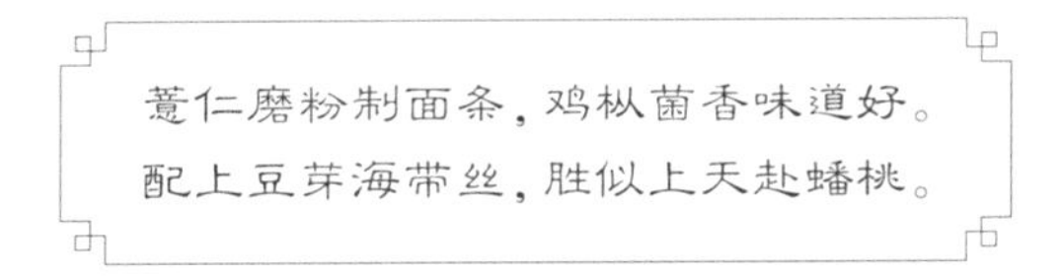

【制作方法】

1. 将薏仁面条煮断生，用香油拌匀上笼蒸熟晾凉；海带、黄瓜、胡萝卜等切成丝，跟绿豆芽一起氽水晾凉备用。
2. 将薏仁凉面条放入盘底，将氽过水的海带丝、黄瓜丝、胡萝卜丝、绿豆芽一起放到上面；用鸡枞菌油、辣椒油、盐、白糖、酱油、醋、花椒油、蒜泥、辣椒酱等调成酱汁淋入，最后撒上葱花即可上桌。

薏粉彩汤圆

薏仁粉包汤圆是兴仁特色，用多种蔬菜汁和面包制成多色汤圆，加上本土味的苏麻馅心，具有浓浓的地方特色。软糯香甜，薏味浓郁，色彩艳丽，诱人食欲。

薏仁米粉包汤圆，和上菜汁色彩艳。
苏麻糖心好爽口，匠心独具敢为先。

原料

原料	用量
糯薏仁粉	300 克
糯米粉	300 克
菠菜汁	50 克
老南瓜汁	50 克
紫薯汁	50 克
苏麻糖	200 克

【制作方法】

1. 糯薏仁粉、糯米粉入盆内拌匀，再分别与菠菜汁、老南瓜汁、紫薯汁混合揉搓成面团。各自捏成 12 个大小均匀的汤圆；然后包入苏麻糖制成多色汤圆生坯，待用。
2. 锅上火，入清水大火烧开，下入汤圆煮至浮起熟透，即可装盘上桌。

本章为团队创作的薏仁菜品，欢迎品鉴！

薏仁鸡香粥

兴仁薏仁米糯又稠，与糯米混合，再与老母鸡熬煮。混合特产荸荠粉浓汁，色亮洁白，香气扑鼻，口感爽滑，香糯无比，鲜香味浓，养胃健脾，营养丰富。

薏米小火熬成粥，荠粉入锅粥渐稠。
老鸡糯米来组配，养胃健脾人增寿。

原料

小白壳薏仁米……150克
农家土仔母鸡肉……150克
鲤鱼寨苗家香糯米……250克
枸杞……10克
山泉水……1500克

调料

姜块……5克
葱段……5克
盐……3克

【制作方法】

1. 薏仁米、糯米、枸杞洗净后用水泡软，土仔母鸡肉砍成大块待用。
2. 汤锅上火入山泉水，下鸡块、姜块、葱段，大火烧开后用小火慢炖至熟。取出姜块、葱段、鸡骨，再放入泡软的薏仁米、糯米煮至浓稠，最后放枸杞、盐调匀入味装钵即可。

（兴仁县振兴大道黄老五餐馆　制作）

三合汤，以糯米、白芸豆、猪脚三种主料烹制而成，故名三合汤。香糯柔绵，既有芸豆幽香，又有脆臊、花生米的焦香。放醋提味不显酸，加辣椒以适应地方口味，突出香浓味厚的贵州特色，汤汁香不减鲜。

原料

糯米	80克
猪脚	50克
白芸豆	10克
脆臊	10克
酥肉末	10克
油酥花生米	6克
熟鸡丝	30克

调料

盐	3克
酱油	3克
醋	2克
煳辣椒面	3克
葱花	5克
胡椒粉	3克

三合汤

【制作方法】

1. 糯米经淘洗、浸泡、过滤、蒸熟为糯米饭。
2. 猪脚刮洗干净，白芸豆淘洗干净，一同入锅，加入清水，大火烧沸，小火炖至软烂，放盐入味。
3. 把糯米饭放入碗中，舀入白芸豆盖上，再舀入炖汤，放入脆臊、酥肉末、花生米、熟鸡丝、猪脚，以及酱油、醋、胡椒粉、煳辣椒面、葱花即成。

（兴仁县振兴大道黄老五餐馆制作）

兴仁牛肉粉

中国牛肉粉之乡兴仁，盛产盘江小黄牛。牛肉粉汤质浓厚鲜香，米粉软脆而绵长。牛肉软硬适度，味美可口。

原料

牛肉……1000克
糖色……10克
干辣椒……20克
花椒……5克
八角……3克
砂仁……5克
草果……5克
小茴香……5克
鲜米粉……200克
牛肉原汤……100克
酸菜……10克

调料

混合油（含精炼油、牛油）20克
煳辣椒面……5克
花椒粉……2克
味精……1克
鸡精……1克
盐……2克
酱油……3克
醋……2克
芫荽……3克

【制作方法】

1. 将牛肉洗净，切大块入锅，煮至断生捞出。一半投入锅内加糖色、香料等卤煮熟透，再切大薄片；另一半切丁炖至烂熟。酸菜切碎片，芫荽切小段待用。
2. 鲜米粉倒入开水中烫熟，捞入大碗内；再将牛肉片和牛肉丁、酸菜、芫荽段放于粉上，舀入牛肉原汤、混合油，加盐、味精、鸡精、酱油、醋等即可。喜欢麻辣的朋友可以加煳辣椒面、花椒粉等调味。

（兴仁县永兴南路马兄弟清真馆　马博制作）

兴仁菜肴、宴席中的特色品种

兴仁全牛宴

全牛宴席满兴仁，全牛宴席最传统。
黄牛部位皆是菜，亲友相聚会宾朋。

兴仁盛产优质南盘江小黄牛，这种食材优势使兴仁全牛宴盛行，大多数牛肉馆均定制全牛宴，如早期成名的张小志全牛宴。在兴仁获得中国牛肉粉之乡称号后，统一打造了牛肉粉馆，推出全牛宴。桂宝富清真牛肉粉馆的传统清真全牛家宴，完全以兴仁风味家常菜制作手法，烹制盘江小黄牛的各个部位，合成宴席，各味融合，其乐融融。

（桂宝富　制作）

兴仁菜除了团队开发的薏仁菜肴而外，还有很多有特色的菜肴，下面推荐兴仁的几款特色品种菜肴和宴席。

特色风味八大碗

风味八碗成宴席，历史悠久成传奇。
商务旅游为礼遇，质优价低讲善意！

流传已久的八大碗是待客最高礼节，八碗菜各有不同的做法，乡土气息极浓。如今，酒楼以八大碗的宴席形式作为固定经营模式宴客，菜式基本固定为扣鸡、扣牛肉、豆腐丸子、芹菜炒牛肉、红烧萝卜、牛干巴、清汤长菜、烩豆米，200元一桌，是商务宴请地方风味、旅游途中入乡随俗、家庭红白喜事聚会的最佳选择，消费合理，风味浓郁、特色鲜明。

（兴仁县美食街清真八大碗　制作）

（兴仁县市府中路牛大锅炭烤牛肉　王利君制作）

牛大锅炭烤肥牛

炭烤肥牛类似于烙锅，无烟型炭烤，环保健康，保持了食材的鲜嫩脆爽。蘸食兴仁著名的五香辣椒面和特别制作的鲜椒蘸水，双味单食或合食，香辣暴爽。

牛大锅炭烤牛肉已然成为兴仁夜宵市场的地标，华灯初上，各路“豪杰”齐聚牛大锅，共享美食盛宴。

兴仁牛大锅，
夜宵最红火。
无烟炭烧烤，
肉品种类多。
食材新鲜净，
蘸水香味合。
食法有新意，
相聚情难舍。

布依八大碗

寓意颇深八大碗，布依风味千古传。
米酒醇厚菜味鲜，吊脚楼上有奇缘。

八大碗和九缸钵是热情的布依族人民招待客人的最好菜肴，也是布依族人家最“老”的菜式，别具风味、寓意深远。勤劳淳朴的布依族人取“八”意寓“发”，“九”意寓“久长久远”的意思。将布依族人特有的菜肴盛放在“八大碗”“九缸钵”里。配上四方木桌、木制条凳，坐在布依人家特有的吊脚楼上，惬意地喝上一碗浓浓的米酒，再尝尝美味菜肴，趁过年过节时“打打牙祭”。

现在布依族人民就将它作为家常菜肴招待客人，城镇酒楼也用此宴请宾朋，并不断创新，价格可高可低，变化万千。

“八大碗”八道菜，金豆米、豆腐果、素南瓜、花糯米饭；“九缸钵”九钵菜，干板菜、金豆米、盐菜腊肉、现磨豆花、炖土鸡、七彩糯米饭等必不可少。固定又可变的菜肴是布依族人饮食独特之处。菜品质感细嫩，滋味极鲜。再配上蘸水，纯天然的香草制成的糯米饭有益健康。

（兴仁县美食街吴新餐馆　制作）

黑毛猪家宴

黑猪肉香锅，
原味紧把握。
不用加香材，
乡愁回味多。

“一家黑猪肉”，这店名可以有多种读法，不过中心总是黑猪肉。人们吃饲料猪肉多了，偶一遇黑毛猪肉，就如碰到了人间美味。这家店常年制作自己饲养的当地黑毛土猪菜肴，菜式和烹调方法都相当简单。店家的观点是，越是好猪肉，越要运用简单的方法制作、调味，才能保住食材的本来味道。因此，黑猪肉香锅、黑猪肉庖汤、红烧肉、烧肥肠、猪肝汤、炒猪皮等就成了其看家菜和畅销菜。

（兴仁县体育南路一家黑猪肉香锅餐厅　制作）

苗家八大碗

溪水绕村流，
水影映白楼。
鲤鱼坝村美，
八八庆丰收。
稻香飘四野，
歌舞鼓声酬。
美食八大碗，
菜点必选九！
苗家多盛情，
无席也献酒。
西南第一村，
来客不想走。

“八碗菜，八人吃，人人清爽平安。四面八方，一年四季，万事如意。”

黔西南苗族第一村的鲤鱼坝村，有个叫鲤鱼农家乐的八大碗、九大盘，尽显苗家饮食文化特色。老腊肉蒸香肠、糟辣酸汤金豆米、肉片炒莲藕、石磨豆花儿等应有尽有，变化无穷。菜肴摆上一桌，带上蘸水、米酒，看着门前一湾清水与田园稻穗阵阵飘香……

（兴仁县屯脚镇鲤鱼村景区 鲤鱼农家乐　制作）

安龙

Anlong

安龙县是贵州省黔西南布依族苗族自治州的一个县，位于黔桂两省区接合部，有“小春城”之称，素有“三千年文化，三百年荷花，三十处美景”的美誉。

安龙的诉说

龙头大山告诉我，
百里山脉不仅仅彰显出秀气，
山谷里还布满了粮药果茶的田地。
笃山溶洞告诉我，
它藏着迷人的神奇与瑰丽。
十里招堤告诉我，
三百年文化历史是何等壮举！
明清的一些文人志士，
留下凄凉的诗句，
也留下了豪情悲壮。
天生桥电站告诉我，
南盘江为人们送来富裕。

“四在农家”告诉我，

安龙显示出自己独有的文化魅力。

黄金万两的大县告诉我，

安龙人是多么阔气。

荷花宴告诉我，

多彩美食有创意。

农业稳县，工业强县，

让安龙有了稳定的根基，

旅游活县，三产富县，

两个翅膀又腾空而起！

安龙告诉我，

它一定会顶天立地！

百年荷塘半山亭，荷花佳宴请君尝

安龙，中国剪粉之乡，中国武术之乡，中国木纹石之乡，中国50佳最美小城，中国文化生态旅游示范地，贵州历史文化名城。

素有“三千年文化，三百年荷花，三十处美景”美誉，地处黔桂两省区接合部的安龙，生活着布依族、苗族、土家族、侗族、彝族、仡佬族、水族等少数民族，民风浓郁。自然资源丰富，文化底蕴深厚。旧石器时代晚期就有人类活动。汉代以来史不绝书，永乐年间，成为黔、桂、滇三省交会区重镇，明清为贵州西南重镇。南明永历朝廷迁到安龙，在安龙建都四年，是贵州历史上唯一建过皇都的地方，也称“龙城”。张瑛、张之洞、吴贞毓、招国遴、王宪章、袁祖铭等时代风云人物，在历史长卷中书写了浓墨重彩的灿烂篇章，留下了招堤、明十八学士祠、兴义府试院、南明永历皇宫等丰富的历史和人文资源。

安龙早餐较为有名的霸道面，与“伤心凉粉”异曲同工，香辣爽口，确实“霸道”。安龙的剪粉和饵块粑为全州一绝，著名的点心——荷花酥、瓦饵糕、鸡矢藤粑粑、荷城油香饼传承数代，极有特色。

荷花宴成名已久，多为餐饮企业自主经营，荷芳佳宴制作的荷香百花酿香菇、飘香藕夹、荷塘月色、醉荷鸡、荷叶煎蛋、荷乡羊肚菌扒鸭掌等荷花宴菜品，继承传统、开拓创新，初具特色；种养殖产业中的羊肚菌、鸡油菌、鸡枞菌等开发的菜品和食品呈上升趋势，与酒店、农家乐菜肴、民族饮食文化等融合发展。采用政府和餐饮协会研发的方式和企业共享，快速推进荷花宴格调的提升和安龙餐饮水平的发展，从而推动安龙黔菜出山、黔西南黔货出山、贵州特色农产品风行天下健康快速发展。

荷花宴——十里荷花献美宴

安龙是人杰地灵的沃土，
它不只有厚重的历史文化。
十里招堤呈现一幅美景，
三百年荷花绘就美不胜收的图画！
满目荷莲无穷碧，
欢欣悦目心生华。

勤劳智慧的安龙人啊，
献出了天生丽质的荷花宴，
清香醉人美味佳。
荷花入菜增新彩，
莲藕肉香游人夸。
醉荷鸡令人陶醉心忘返，
荷塘月色情高雅！
荷花宴成就了中国最美的小城，
荷花宴是生态旅游一枝花。

三千年历史长河啊，
给安龙增添可歌可颂的佳话！

（西城区印象荷城 3 栋 2 楼荷芳佳宴　制作）

龙城拌鸡枞

鸡枞菌，贵州名贵山珍之一。煮汤清香无比，炸后拌食馨香不散，香辣绵软，有嚼劲。清代名医张之洞曾于安龙作《鸡枞菌赋》，坊间亦有诗曰：“雨后空山有足音，鸡枞香菌餍侬心。乱峰迢递烟岚锁，知在深山何处寻。”安龙鸡枞，史上佳肴，古今名菜。

龙城鸡枞传说多，养在深山贵几何？
巧制拌食多养胃，久食恋香不斟酌。

原料

当地野生鸡枞菌 200 克

调料

盐……5 克
白糖……3 克
酱油……3 克
陈醋……2 克
红辣椒油……12 克
香油……3 克
芫荽段……15 克

【制作方法】

1. 鸡枞菌洗净，撕成粗丝，用盐腌制 15 分钟入底味，并沥干水。
2. 净锅上火入油，烧至五成热油温时，下鸡枞菌炸至半干捞出滤油。取盛器，放入盐、白糖、酱油、陈醋、红辣椒油、香油调匀，放鸡枞菌、芫荽段充分拌匀入味，取出装盘即成。

（安龙县西城区荷芳佳宴　黄昌伟制作）

荷乡羊肚菌扒鸭掌

羊肚菌，是菌中的“素中之荤”，与鸡枞、松茸、松露一样，皆被誉为最名贵山菌。厨谚说，鸡鲜鸭香，而鸭掌更有滋味。用浓汤、蚝油煨制，用扒的手法成菜，堪称名肴。

羊肚菌香已称王，素中之荤不为狂。
昌伟大师工于精，创立美味选鸭掌。

原料

干羊肚菌……10个
鲜鸭掌……10个
瓢儿菜……6棵

调料

盐……3克
蚝油……6克
鲍汁……6克
鸡汤……800克
姜块……10克
葱段……10克
料酒……10克
水淀粉……20克

【制作方法】

1. 干羊肚菌用清水发软洗净；鲜鸭掌洗净，入沸水锅，放料酒、姜块、葱段氽透去除异味。
2. 锅上火，倒入鸡汤，放羊肚菌、鸭掌，调入盐、蚝油、鲍汁，小火慢煨1小时至炽软，捞出鸭掌装入盘中、羊肚菌叠码在鸭掌上。瓢儿菜一剖为二，入沸水锅氽熟捞出，摆在鸭掌两旁。原汁水淀粉勾芡，淋在羊肚菌、鸭掌面上即成。

（安龙县西城区荷芳佳宴　黄昌伟制作）

鸡油菌藕粉圆子汤

鸡油菌，名优菌菇之一。用安龙藕粉制作的猪肉丸，滑嫩营养；山珍味鲜、原汁原味、无公害绿色食品，鸡油菌加藕粉肉丸加鸡汤，汤鲜味美，堪称完美。

原料
- 鸡油菌……100 克
- 猪肉末……100 克
- 干藕粉丝……50 克
- 西红柿……50 克

调料
- 盐……6 克
- 胡椒粉……5 克
- 鸡汤……800 克
- 姜粒……5 克
- 料酒……5 克
- 水淀粉……15 克
- 葱花……10 克

鸡菌为山珍，藕粉产荷海。
山珍海味鲜，肉圆汤争彩。

【制作方法】

1. 鸡油菌洗净切成小块。干藕粉丝用清水泡软。西红柿洗净切小片。猪肉末入盛器，放盐、姜粒、料酒、水淀粉搅匀，制成丸子生坯。
2. 锅入鸡汤上火，放鸡油菌、肉丸子煮熟，放入藕粉丝、西红柿，调入盐、胡椒粉，煮至入味，起锅装入碗中，撒上葱花即成。

（安龙县西城区荷芳佳宴　黄昌伟制作）

一片绿叶两花摇，出水莲藕营养高。
荷塘月色奏一曲，养心养生兴致好！

原料

- 糯米莲藕……200克
- 鲜虾……150克
- 牛肉蛋皮卷……200克
- 西蓝花……200克
- 荷花蕾……1朵
- 白萝卜……200克
- 老南瓜……100克
- 青莴笋……100克
- 荷花茎……3棵
- 胡萝卜……100克
- 菠菜汁……100克
- 琼脂……100克

调料

- 盐……6克
- 白糖……30克
- 白醋……12克

［制作方法］

1. 鲜虾治净，从背上中部片开，虾尾反穿过来，加盐煮成盐水虾。西蓝花洗净，改刀成块，下盐水锅汆熟。老南瓜切成叶形片，入盐水锅汆透。
2. 青莴笋、一半白萝卜切成叶形片，用盐、白糖、白醋腌制入味。另一半白萝卜雕成荷花。胡萝卜雕成小鱼，入盐水锅汆透。糯米莲藕切片。牛肉蛋皮卷切薄块。琼脂入锅加水煮化开，调入菠菜汁，浇入盘中冷却成碧波冻。
3. 盐水虾、西蓝花、糯米莲藕、牛肉蛋皮卷依次沿盘中下方摆成山石水草状。南瓜片、莴笋片、白萝卜片、荷花茎拼摆成荷叶。右边摆入荷花蕾及茎。左边摆入白萝卜雕荷花及荷花茎。最后，把胡萝卜雕的小鱼，镶入荷花蕾右下角的碧波冻里点缀即成。

（安龙县西城区荷芳佳宴　黄昌伟制作）

荷塘月色

食材主要采集于荷池，包括莲藕、莲子、荷叶、荷花，再用鲜虾仁搭配，施以拼盘技艺，先观赏后品尝，形意美观，味道鲜美，养眼、养心、养胃。

水乡脆鲩全鱼

安龙县坐落于万峰湖一侧，又有南盘江滋润，渔业资源丰富，渔产业前景广阔，故而得名水乡。脆鲩，顾名思义，肉比较“脆”的鲩鱼（草鱼）。脆鲩体大，至5千克时肉质紧密，最为脆嫩鲜香。取香辣口味，佐以面筋煨烧，乡土风味浓郁。

原料

万峰湖脆鲩鱼 1 条（5000 克）
面筋……150 克
白豆腐……500 克
豆芽……300 克

鲩鱼来自万峰湖，皮爽肉脆别样殊。
精心制作鲜香美，水乡渔业有前途。

调料

盐……50 克
白糖……20 克
酱油……30 克
陈醋……20 克
花椒籽……10 克
花椒油……15 克
红辣椒油……20 克
姜……40 克
蒜……40 克
葱……20 克
辣椒酱……30 克
煳辣椒……15 克
糟辣椒酸……100 克
糍粑辣椒……30 克
干辣椒段……10 克
五香粉……5 克
料酒……50 克
芥末酱……10 克
日本酱油……20 克
红醋……5 克

【制作方法】

1. 脆鲩鱼宰杀治净。依次取下鱼头、鱼尾、鱼皮、鱼脊骨、鱼肉、鱼腩、鱼杂。
2. 取鱼皮切丝，入沸水汆熟沥干晾凉，调入盐、白糖、酱油、料酒、陈醋、蒜泥、姜末、红辣椒油拌成红油鱼皮。取适量鱼肉切丝，汆熟晾凉，用煳辣椒、盐、陈醋、蒜泥、姜末、葱花、花椒油拌成煳辣鱼丝；另一部分鱼肉切成蝴蝶片，冰镇装盘，用芥末、红醋、日本酱油调成蘸食味汁，制成刺身脆鲩鱼片。
3. 取鱼腩砍成块，入油锅炸酥脆，用干辣椒段、花椒籽炒香，撒上熟芝麻制成香酥鱼排；取部分鱼肉切片，用料酒、五香粉腌制，入锅煎至金黄，制成香煎鱼柳，食用时蘸辣椒酱；取部分鱼肉切成块，入油锅炸至金黄时捞出，并与面筋用糍粑辣椒同烧，制成香辣鱼块。
4. 鱼头、鱼尾、鱼脊骨砍成块，与鱼杂、剩余边角料各取一半，分别煮成清汤、酸汤鱼即成。

（安龙县西城区荷芳佳宴　黄昌伟制作）

醉荷鸡

安龙清代名菜，由一帮名绅和知府于十里荷池侧畔一起创制，因“塘中荷香醉人，桌上这鸡香味也醉人”而被称为“醉荷鸡”，后来还因此在招堤建造了“醉荷亭”，以记叙其由来。

原料

走山鸡……1500 克
枸杞……10 克
鲜荷叶……1 片
荷花……1 朵

调料

盐……8 克
酱油……6 克
料酒……15 克
胡椒粉……10 克
姜……10 克
葱……10 克
鲜红小米椒圈……10 克
蒜……10 克

朱氏始创醉荷鸡，阴阳平衡两相宜。
百年荷叶多疗效，鸡补五脏益身体。

【制作方法】

1. 走山鸡宰杀治净，砍成 3 厘米见方的块，入盛器，放入盐、姜块、葱段、料酒、枸杞、胡椒粉腌制 30 分钟。
2. 取小蒸笼放入鲜荷叶垫底，放腌制好的鸡块，入蒸柜蒸 50 分钟取出，鸡块四周点缀鲜荷花瓣；另取一小碗，放入鲜红小米椒圈、葱花、蒜泥、酱油制成蘸水，随鸡块一起上桌蘸食即成。

（安龙县栖凤美食城 44 号安龙县鱼火肴　朱晓华制作）

荷叶煎蛋

安龙荷花菜系列之一。鲜香回甜。
好看、好吃，荷乡特征鲜明。

荷叶尖鲜嫩，清香有疗效。
煎蛋喜迎客，宴席成佳肴。

原料
- 荷叶尖……50克
- 鸡蛋……4个
- 嫩荷叶……1片

调料
- 盐……4克
- 水淀粉……30克

【制作方法】

1. 大荷叶治净入盘中垫底。嫩荷叶洗净，用刀切碎。鸡蛋打入碗中调散，放入切碎的荷叶尖，加盐、水淀粉，用筷子充分调匀成蛋液。
2. 热锅冷油上火，倒入荷叶鸡蛋液，用小火慢煎成饼。取出改刀成三角片，盘中平铺成圆形，即成。

（安龙县西城区荷芳佳宴　黄昌伟制作）

荷城布依脆皮肉

布依族原始部落时筵席头菜。开筵脆皮肉，皮脆肉香，油而不腻，好看、大气，储藏时间长。

原料

猪五花肉..........500 克
青红小米椒圈..30 克
折耳根粒............10 克

调料

盐...............................8 克
白糖..........................3 克
料酒..........................5 克
姜............................10 克
葱............................10 克
五香粉......................5 克
自制脆皮水.......50 克
芫荽段......................5 克
蒜...............................6 克
生抽..........................5 克
陈醋..........................3 克
香油..........................3 克

南盘江边布依寨，独创炸肉将客待。
脆皮肉嫩味鲜美，参加大赛获金牌。

【制作方法】

1. 五花肉洗净，用盐、料酒、姜块、葱段腌制 3 小时入味，入沸水锅汆透捞出沥干水，趁热在皮面抹匀脆皮水。
2. 锅上火入油，烧至五成热油温，下入五花肉小火慢炸至金黄色，外脆内熟时捞出。改刀成片装盘。取味碟放尖椒圈、姜蒜末、芫荽段、葱花，调入盐、白糖、生抽、陈醋、香油和匀成味汁，上桌蘸食即成。

（安龙县栖凤街道坡脚村坡脚布依特色脆皮肉　吴定芬制作）

荷香百花酿香菇

鲜虾肉末制馅，贴于鲜菇上，蒸香、扒汁香鲜一体，香味四溢，营养丰富。

荷花十里香全城，香菇独味满大棚。
鲜虾香菇两相会，营养味鲜属上乘！

原料

鲜香菇……100克
猪肉末……80克
鲜虾仁……50克
瓢儿菜……60克
鸡蛋……1个
鲜荷叶……1片

调料

盐……6克
鸡汤……200克
胡椒粉……6克
葱姜汁……8克
料酒……5克
水淀粉……30克

【制作方法】

1. 鲜香菇洗净滤干水。鲜虾仁洗净制成泥。猪肉末入盛器，放鲜虾泥、葱姜汁、料酒、盐、鸡蛋、水淀粉搅匀制成馅；取香菇内面蘸上少许干淀粉，贴入猪肉鲜虾馅，制成酿香菇生坯。
2. 瓢儿菜洗净，入沸水锅氽熟。酿香菇生坯放鲜荷叶上，入蒸笼蒸熟取出，先把熟瓢儿菜在荷叶上摆放一圈，再把酿香菇叠放在面上。另锅上火，加入鸡汤，调入盐、胡椒粉，水淀粉勾二流芡，淋明油，起锅淋在酿香菇上即成。

（安龙县西城区荷芳佳宴　黄昌伟制作）

荷城百姓楼上菜

酥豆渣，因清代名士张之洞赐名而流传。豆渣用小火耐心煸去豆腥味，再炒至金黄酥香，是本菜烹制要点，佐以油渣、香葱，香辣佐饭、口感独特。

原料

- 豆腐渣……250 克
- 鲜青、红椒……各 50 克
- 花生碎……50 克
- 油渣……50 克

调料

- 盐……5 克
- 胡椒粉……3 克
- 酱油……3 克
- 香油……5 克
- 姜末……8 克
- 葱花……15 克

百姓楼上菜，故事传百代。
豆渣润血脉，素食人喜爱。

【制作方法】

1. 鲜青、红椒洗净切粒。油渣切碎。豆腐渣滤干水。
2. 锅上火入油，下姜末炒香，放豆腐渣煸炒至酥。再放青红椒粒、油渣碎炒转，调入盐、胡椒粉、酱油、香油、葱花翻炒入味，起锅装盘，撒上花生碎即成。

（安龙县招堤街道水井湾安龙县环城农家乐　朱英然制作）

荷香牛排骨

黄牛荷花结连理，清秀醇厚总相宜。
荷花飘香惹人醉，牛排鲜嫩香四溢。

当地小黄牛牛排骨卤至近熟，用菜油炸脆表层，用荷花瓣装饰入味，香辣爽嫩，清真风味。

原料

当地黄牛排骨800 克
当地辣卤水.1500 克
鲜荷叶……1 片
鲜荷花……1 朵

调料

盐……3 克
白糖……6 克
酱油……5 克
陈醋……3 克
干辣椒段……30 克
姜……5 克
蒜……5 克
熟白芝麻……8 克
花椒籽……6 克
花椒油……5 克
香油……5 克
料酒……15 克
葱……10 克

制作方法

1. 牛排骨治净，砍成 8 厘米长的段。入锅加水，下料酒、姜块、葱段用大火氽透，去掉异味。另起锅倒入卤水，放氽好的牛排骨，卤煮至刚熟，捞出沥干水。鲜荷叶洗净放入盘中垫底。
2. 净锅上火入油，烧至五成热油温，下入牛排骨炸至外脆内熟脱骨，捞出沥油。锅留底油，下入干辣椒段、花椒籽、姜蒜片炒香脆；放入牛排骨，调入盐、白糖、酱油、陈醋、花椒油、香油翻炒调匀，撒上熟白芝麻。出锅装入垫有荷叶的盘中，点缀荷花即成。

（安龙县鑫凯龙城孙老六清真食府　史佳利制作）

安龙剪粉

安龙名小吃，曾获金奖。香辣爽口开胃，因米皮以剪刀剪切而得名。传说曾获南明皇帝朱由榔赞扬，还被视为“御膳”。

原料

- 当地大米……500克
- 酥黄豆……20克
- 酸菜丝……20克
- 折耳根段……30克
- 韭菜段……20克
- 绿豆芽……30克
- 西红柿……30克

调料

- 盐……6克
- 白糖……3克
- 酱油……8克
- 陈醋……10克
- 花椒油……8克
- 豆腐乳……10克
- 葱……20克
- 芫荽……20克
- 红油辣椒……40克

安龙剪粉传千年，皮薄如纸柔韧强。
三十六法红领先，首选名吃获金奖。

【制作方法】

1. 大米洗净，入清水中浸泡 10 小时，然后用石磨磨成米浆。取 1/10 米浆倒入锅中煮沸，制成浆糊状熟芡；将熟芡倒入米浆中搅拌均匀。在长方形蒸盘中刷少许油，并刷一层薄薄的米浆，把蒸盘放入蒸笼里，用大火蒸 3 分钟后取出，即成米粉皮。
2. 韭菜段、绿豆芽入沸水锅煮熟捞出晾凉。酸菜丝、折耳根、绿豆芽、韭菜段放入碗中并调盐入底味垫底。西红柿洗净切碎，入油锅炒成西红柿酱。
3. 将粉皮剥下，挂在竹竿上晾凉。用剪刀把粉皮剪成小条放入碗中。取一个小碗，调入盐、白糖、酱油、陈醋、花椒油、豆腐乳、红油辣椒、西红柿酱调匀后淋在剪粉上，撒上酥黄豆、葱花、芫荽等即成。

（安龙县小吃一条街秀屏红油剪粉店　刘其秀制作）

飘香藕夹

十里荷塘，莲藕飘香，优质莲藕，药食两佳，做成藕夹，椒香脆爽，特色益彰。

原料

- 当地莲藕……200克
- 猪肉末……100克
- 青红鲜椒……50克
- 芦笋尖……100克
- 鸡蛋……1个
- 干淀粉……30克

调料

- 盐……4克
- 白糖……3克
- 生抽……3克
- 蚝油……3克
- 辣椒酱……5克
- 姜蒜泥……10克
- 葱花……15克
- 胡椒粉……3克
- 香油……5克
- 鲜汤……50克
- 水淀粉……10克

【制作方法】

1. 莲藕洗净去皮，切成圆圈形状。青红鲜椒切粒。芦笋尖氽水加盐调底味，捞出入盘垫底；猪肉末入盛器，下鸡蛋、盐、葱花、水淀粉制成馅料，夹在两片莲藕之间，拍匀干淀粉。
2. 锅入油上小火加热，下莲藕夹煎成外脆内熟，捞起并放在已垫了芦笋尖的盘中，摆放出一定造型。锅留油下姜蒜泥、青红椒粒煸香，放辣椒酱炒出味，倒入鲜汤，用盐、白糖、蚝油、生抽、胡椒粉调味，水淀粉勾芡，淋香油起锅浇在藕夹上，撒上葱花即成。

（安龙县西城区荷芳佳宴　黄昌伟制作）

荷城油香饼

传统油饼，特色风味。以面粉适当发酵，做成饼坯炸熟，工艺简洁。讲究洁净、健康。

荷城油香饼，风味显真诚。
长堤飘饼香，赠送成礼品。

原料

面粉……1000克

调料

盐……5克
食用碱……5克
白矾……10克

【制作方法】

1. 面粉用200克水和匀；盐、食用碱、白矾用温水溶化后，再倒入面团中和转揉匀，揪成每个80克的小剂子，擀成圆饼生坯。
2. 锅入油上火，烧至四成热油温时下生坯炸制；适时将饼坯翻转，炸至金黄色，鼓胀时捞出沥油即成。

（安龙县鑫凯龙城孙老六清真食府　史佳利制作）

荷城瓦饵糕

安龙百年小吃，"良心小吃"。以黏米磨浆，发酵蒸制而成。松软绵劲，香甜可口。

百年孙记瓦饵糕，优质黏米为主料。红白两糖配比好，良心食品口碑好。

原料

黏米……500克

调料

白糖……50克
红糖……60克
食用碱……4克

【制作方法】

1. 将黏米洗净，浸泡5小时，磨成米浆。锅上火，取五分之一米浆入锅，煮制成熟芡，倒入剩余米浆中搅拌均匀，静置保持28℃室温发酵。
2. 待充分发酵后，放入食用碱、红糖、白糖搅拌均匀，舀入模具中，上蒸笼用大火蒸10分钟出笼。

（安龙县泓芙小区步行街孙记瓦饵糕　孙朝访制作）

贞丰

Zhenfeng

贞丰县在贵州省西南部，隶属于贵州省黔西南布依族苗族自治州。素有“中国金县、中国糯食之乡、中国花椒之乡、中国砂仁之乡”的美称，是贵州省首个民族文化旅游扶贫试验区。

贞丰，从画中走来

你从时光隧道里走来，
带着微笑没有悲伤。
脱掉往日的旧衣，
换上金色的时装！
一手托起花瓶奇石，
一手托着双乳奇峰，
从高原平湖三岔河走向富强。

回望过去的岁月，
千言万语难以描述惆怅！
交通闭塞，古老的耕作，
一顿饱饭都令人欣喜若狂。
如今一切都变了，
是金子总要发光！
北盘江一桥飞架变通途，
运煤船向出海口起航。
喀斯特地貌养育万亩花椒，
金银花漫山怒放。
多彩大理石装点千家万户，
板栗粽在黔省大地飘香！
七马图告诉我你曾经走过的历史，
小屯乡古法造纸吸引世界目光。
布依舞龙，必克的杂技，
浓郁的民族风情，
都让世界心花怒放！
如诗如画的贞丰啊，
正在书写更加辉煌篇章！

圣母双峰当感恩，保家牛肉味最纯

贞丰县之名，得名于清王朝镇压南笼起义之后，取“忠贞丰茂”之意。贞丰山清水秀，情浓韵悠，古今文化源远流长。具有独特的自然景观和丰富的旅游资源，其天下奇观——大地圣母双乳峰享誉国内外。贞丰还以药（花椒、砂仁、葛根、金银花）、果（四月李、火龙果、核桃）、畜（肉牛、下江黑猪、金谷黄鸡）为特色，以粮、烟叶为基础的农业发展格局。花椒、砂仁获国家地理产业标识保护认证，下江黑猪、金谷黄鸡被评为有机农产品。

贞丰有着悠久的糯食文化，像糯米饭、粽子、糕粑、甜酒等糯食是贞丰人平常生活

中喜爱的小吃，以其独特的制作工艺和口感成为贞丰的特色经典小吃。胖四娘、余家粽子、熊大妈等多家老字号作坊已经升级为食品生产企业。“中国糯食之乡”，是对贞丰糯食文化的最高赞誉。除了糯食之外，贞丰家常菜、农家菜也是花样繁多，民族饮食文化异彩纷呈。

贞丰拥有食品生产、加工研发基地。早餐、中餐、夜宵美食广场、文化电商产业园等形成了食品生产的规模。保家老店餐饮还在全国多个城市开启连锁加盟店模式，其制作的全牛宴荣获“中国十大山地美食”美誉，是糯食之外的贞丰又一品牌。保氏已经传承了 26 代，他们保存有祖上秘方；专注美食；诚信经营。其牛肉粉和全牛宴使用的牛肉均是高山放养、健壮的黄牛。按原料的部位烹饪，配上精湛的刀工和纯天然的野生调料，怀着对食材健康的极致追求，味道纯正，菜美醇厚，令人回味无穷。

连环砂仁

连环乡是全国最大的砂仁种植基地，被誉为“中国砂仁之乡”。连环砂仁地理标志产品保护范围为贵州省贞丰县的连环乡、白层镇、鲁贡镇、沙坪乡、鲁容乡等 5 个乡镇现辖行政区域。现砂仁的种植规模为 4 万余亩，年产量达 1 万余吨。

砂仁，药食两用。具有燥湿祛寒，除痰截疟，健脾暖胃；治心腹冷痛、胸腹胀满、痰湿积滞、消化不良、呕吐腹泻等功效。在餐厅和家庭烹调中常用作酱卤、煲汤、蒸煮、红烧等。

顶坛青花椒

顶坛青花椒是国家地理标志保护产品，也是黔西南州首个被列入国家地理标志产品保护序列的名特优农产品。有“中国花椒之乡”（1991 年）的称誉。目前贞丰全县种植的花椒达15.3万亩，年产量 1.2 万吨。

顶坛青花椒有数百年的栽培历史。其植株较小，颗粒硕大，颜色青绿；麻味纯正，清香扑鼻；“吃在口里，麻在嘴上，热在身上但不上火，却凉在心头”。花椒药食两用，烹调多变，是咸味糯粽的最佳伴侣。

保家老店全牛宴

看了贞丰保家南迁史，
令我陷入一阵沉思。

从草原到高原，
躲战乱有多少艰辛的经历！
从元代到今天，
七百多年历史长河，
沉淀着厚重的美食文化，
才能创造出今天令人惊喜的全牛宴。

贞丰这块秀美的宝地啊，
让保家全牛宴创造了奇迹！

省级名火锅，黔西南百年美食
为保家全牛宴披上亮丽的彩衣。
如今养牛产业有了新发展，
搭乘电商飞驰的翅膀，
向全国和世界飞去！

保家全牛宴

原料

牛腱子	200 克	黄喉	150 克
牛脊肉	200 克	千层肚	100 克
牛腩	300 克	牛肠	150 克
牛头皮	200 克	牛嫩肉	150 克
牛舌	1 只	牛肥肉	150 克
牛筋	200 克	鲜嫩牛肉	150 克
牛毛肚	200 克	牛骨原汤	5000 克
蜂窝肚	200 克		

调料

盐	20 克	胡椒粉	15 克
砂仁	5 克	花椒粉	10 克
花椒籽	10 克	煳辣椒面	100 克
姜	50 克	酱油	30 克
蒜	50 克	水淀粉	5 克
香葱	100 克		
料酒	30 克		
蒜苗	30 克		

【制作方法】

1. 牛腱子、牛腩、牛头皮、牛舌、牛筋、牛肚、牛肠洗净入锅，加水后放姜块、葱段、料酒用大火氽透，捞出冲洗干净。
2. 另锅加入牛骨原汤，放入砂仁、花椒籽、姜块、葱段，用小火慢煮至熟沥出晾凉，分别改刀成片、条、块、段状后装盘上桌；牛脊肉、肥牛肉切薄片装盘上桌。鲜嫩牛肉制成肉末，调入盐、姜末、葱花、水淀粉做成鲜牛肉丸装盘上桌。蜂窝肚、黄喉、千层肚、牛肠洗净，用盐腌制好后上桌。
3. 将牛骨原汤倒入火锅盆，放入盐、胡椒粉，撒上蒜苗段上桌。用煳辣椒面、盐、花椒粉、蒜泥、姜末、葱花、酱油调匀制成蘸水，分碟上桌，食用时煮制原料中所列牛的各部位并蘸食。

（贞丰保家老店餐饮文化电商产业园　保勇制作）

风味八块鸡

传统的民族八块鸡，结合现代生活方式，将鸡腿、鸡身、鸡翅各分成八块烹饪。味道鲜香嫩爽，入口化渣，香辣味浓。

风味鸡块似白斩，散养土鸡不可少。
烹饪火温控制准，入口嫩香蘸汁料。

原料

仔公鸡1只（1500克）　白卤水……2000克

调料

盐	6克	熟白芝麻	5克
白糖	3克	蒜泥	8克
酱油	5克	白酒	5克
香油	5克	姜块	15克
红油辣椒	30克	香葱段	15克

【制作方法】

1. 将仔公鸡宰杀治净。锅加水上火，加入鸡，放入白酒、姜块、香葱段用大火氽透捞出，离火原汤浸至熟透。
2. 分别把鸡腿、鸡身、鸡翅用白卤水卤制后，各改刀成八块，摆入盘中拼成原形。
3. 取味碟，加入盐、白糖、酱油、蒜泥、香油、红油辣椒、熟白芝麻调匀，随盘中鸡块上桌蘸食即可。

（贞丰保家老店餐饮文化电商产业园　保勇制作）

凉拌皮筋

牛皮、牛头皮和牛蹄筋煮熟后，切片凉拌，香辣爽口，绵韧筋道。

原料
- 牛骨原汤卤水……2000 克
- 牛头皮……100 克
- 牛蹄筋……100 克

调料
- 盐……3 克
- 白糖……3 克
- 酱油……5 克
- 陈醋……3 克
- 花椒油……3 克
- 红油辣椒……20 克
- 蒜……5 克
- 芫荽……8 克
- 香葱……8 克
- 料酒……15 克
- 姜……10 克

好牛筋韧道，煮熟切成条。
佐料有文章，香辣色皆好。

【制作方法】

1. 将牛头皮、牛蹄筋洗净，放入清水锅中，上火，加入料酒、姜块、葱段大火氽透捞出。再放入原汤卤水锅，用小火卤煮至熟透捞出晾凉。
2. 将煮熟的牛头皮、牛蹄筋切成薄片，装入盛器，调入蒜泥、盐、白糖、酱油、陈醋、花椒油、红油辣椒、芫荽段拌匀入味，装盘撒葱花即成。

（贞丰保家老店餐饮文化电商产业园　保勇制作）

溏心皮蛋

选用当地特产溏心皮蛋生拌。色泽艳丽，口味清香，晶莹剔透，诱人食欲。

溏心皮蛋线割半，晶莹剔透色鲜艳。
淋洒佐料显香美，诱人约友食无前。

原料 当地溏心皮蛋.....3 个

调料

盐	2 克	蒜	5 克
白糖	2 克	香葱	10 克
酱油	5 克	芫荽	10 克
陈醋	4 克	煳辣椒粉	15 克

【制作方法】

1. 将当地溏心皮蛋剥去外壳，用细线从中间剖开成两半，在盘中摆出造型。
2. 取小碗，放入蒜泥、煳辣椒粉，调入盐、白糖、酱油、陈醋、葱花拌匀入味，浇淋在盘中皮蛋上，最后点缀上芫荽段即可。

（贞丰县万家食品公司　制作）

马帮花生

花生与面粉等多种原料制作而成，口感香辣酥脆，易储藏。

茶马古道跑马帮，一年四季经风霜。
马背酒袋不离手，香脆花生是主粮。

原料

花生	200 克
面粉	100 克
鸡蛋	1 个

调料

盐	6 克
白糖	5 克
辣椒粉	30 克
花椒粉	5 克
五香粉	5 克

【制作方法】

1. 花生处理干净，放入沸水中氽一下捞出，沥干水。面粉、鸡蛋加适量清水调匀，再调入盐、白糖、辣椒粉、花椒粉、五香粉拌匀，制成五香麻辣糊待用。
2. 锅入油上火，烧至四成热油温。将制作好的花生五香麻辣糊下油锅炸至色泽金黄，改小火浸炸至酥脆捞出，即成。

（贞丰保家老店餐饮文化电商产业园　保勇制作）

金县米豆腐

优质地方大米，传统工艺制作，地方风味浓郁。口感细腻鲜香，微辣爽口。

原料

当地优质大米……1500克
石灰水……100克

调料

盐……4克
白糖……3克
酱油……8克
陈醋……8克
蒜……15克
姜……8克
花椒油……3克
红油辣椒……30克
芫荽……6克
葱……10克

贞丰产金称金县，制作豆腐米优良。
原料比例配得好，淋上佐料满口爽。

【制作方法】

1. 大米洗净后，用清水泡软，在磨浆机上磨成米浆。锅上火倒入米浆烧沸；再慢慢适量地加石灰水，同时不断搅拌调匀，待米浆煮至浓稠熟透，盛入盛器晾凉凝固，即成米豆腐。

2. 取米豆腐400克，切成一字条，入盘码好；另取小碗，放入蒜泥、姜末，调入盐、白糖、酱油、陈醋、花椒油、红油辣椒，拌匀后，浇淋在盘中米豆腐上，撒芫荽段、葱花。这也被称为米凉粉。

（贞丰保家老店餐饮文化电商产业园　保勇制作）

煎鱼浓汤

鲜香微辣，鱼肉炽软，汤香味浓。

鲫鱼腌制再油煎，六六酒店煎鱼汤。
豆腐红椒浮猪油，鱼肉炽软微辣香。

原料

野生大鲫鱼1条（约800克）
农家白豆腐……300克
鲜小红椒……20克

调料

盐……10克
白糖……3克
陈醋……2克
胡椒粉……6克
花椒籽……8克
蒜……8克
姜……15克
香葱……15克
料酒……15克
土猪油……30克

【制作方法】

1. 野生大鲫鱼宰杀治净。砍成排骨块，放入盆内，用姜片、香葱段、料酒、花椒籽腌制半小时。农家白豆腐切三角块。鲜小红椒洗净切段。
2. 锅上火放入土猪油，下小红椒段、蒜片、姜片、葱段、花椒籽煸炒出香味。放入鱼块，小火煎至两面微黄时，再倒入清水没过鱼块，同时下豆腐块煮制，调入盐、白糖、陈醋、胡椒粉大火烧至汤汁呈乳白色；鱼肉、豆腐煮熟，且汤浓味香时，起锅装盘，撒上葱花即成。

（贞丰县六月六酒店　制作）

水煮活鱼

清辣鲜麻，鱼肉滑嫩。

三岔河水活鲤鱼，净切肉片成蝶状。先煸后煮出鲜味，清辣微麻众口尝。

原料

野生鲤鱼 1 条（1300 克）
鲜小红辣椒……20 克
鲜青花椒……30 克
鸡蛋清……1 个

调料

盐……12 克
白糖……5 克
胡椒粉……6 克
花椒油……6 克
蒜瓣……15 克
干辣椒……10 克
姜……15 克
香葱……15 克
料酒……20 克
水淀粉……30 克

［制作方法］

1. 野生鲤鱼宰杀洗净，取净肉片成蝴蝶片，用盐、姜汁、葱汁、料酒、鸡蛋清、水淀粉码匀上浆；鱼的头尾与鱼骨砍成块，用姜片、葱段、料酒腌制半小时；鲜小红辣椒洗净，切段。
2. 净锅上火入油，下干辣椒段、鲜青花椒、小红椒段、姜片、葱段、拍破蒜瓣小火煸炒出香味；倒入清水，大火烧沸，放入鱼头尾及鱼骨块，调入盐、白糖、胡椒粉、花椒油煮至八成熟，最后下入鱼片煮熟入味，起锅装钵即成。

（贞丰县老湘好餐馆　制作）

乌鸡全家福

土乌鸡糯玉米段，猪肉裹上蛋皮卷。
盘州火腿配香菇，先煮后蒸成美餐。

汤鲜味美，营养丰富。

原料

土乌鸡……1 只（1800 克）
糯玉米棒……200 克
猪肉蛋皮卷……200 克
盘州火……50 克
水发香菇……50 克
竹笋尖……50 克

调料

盐……12 克
胡椒粉……6 克
蒜瓣……20 克
姜……15 克
香葱……15 克

【制作方法】

1. 土乌鸡宰杀治净，砍成 3 厘米的块；鸡杂碎清洗后改刀。糯玉米棒洗净砍成块；盘州火腿洗净切片；香菇洗净切片；竹笋尖治净切片氽水；蒜瓣入油锅炸至色泽金黄。
2. 净锅入水上火，下入鸡块、鸡杂碎氽透捞出，在清水中漂洗净装钵。再把玉米棒块、火腿片、香菇片、竹笋尖片、炸蒜瓣、猪肉蛋皮卷装入钵中，摆成一定形状。
3. 另起锅上火倒入适量清水，大火烧沸。放入盐、胡椒粉调味，倒入钵内。放姜块、葱段，用保鲜膜封好，放入蒸笼蒸至肉烂脱骨入味，取出放胡椒粉即成。

（贞丰县老湘好餐馆　制作）

鸡枞竹荪炖鸡

汤醇味鲜，菌香味浓。

放养母鸡鲜竹荪，鸡枞鲜香更清新。
枸杞红枣营养全，时令蔬菜加折根。

原料

土母鸡	1只（1700克）
鲜竹荪	100克
野生鸡枞菌	100克
枸杞	20克
红枣	30克
时令蔬菜	1000克
折耳根节	15克
腐乳	10克

调料

盐	12克
胡椒粉	8克
姜	20克
香葱	20克
鲜红尖椒圈	50克
煳辣椒粉	50克
蒜	30克
酱油	20克

［制作方法］

1. 土母鸡宰杀治净，砍成条块；鲜竹荪、野生鸡枞菌洗净，手撕成两片；枸杞、红枣用清水泡软；时令蔬菜洗净装盘。
2. 净锅上火加入清水，下鸡块大火煮沸，撇去浮沫，放姜块、葱段改小火慢炖至八成熟。放入野生鸡枞菌、鲜竹荪、红枣、枸杞，调入盐、胡椒粉继续炖至鸡肉烂糯脱骨、菌香入味。装入火锅盆上桌。
3. 取小碗放入鲜红尖椒圈、煳辣椒粉、蒜泥、姜末、折耳根节、腐乳；调入盐、酱油和匀，撒上葱花成味碟，与火锅一起上桌，蘸食即可。

（贞丰县贵州鹅掌门餐饮文化服务公司　制作）

地摊火锅

选用贞丰特产湿豆豉与糍粑辣椒制作成锅底，是当地很风行的一道火锅。其口感鲜香醇辣，豉香味浓，超级下饭！

原料

贞丰湿豆豉……150克
糍粑辣椒……250克
当地菜籽油……250克
猪油……150克
牛肉……400克
时令蔬菜……2000克

调料

盐……15克
酱油……20克
白糖……5克
五香粉……10克
花椒籽……10克
姜、蒜……各30克
香葱……30克
鲜汤……800克

贞丰特产湿豆豉，糍粑辣椒制锅底。
牛肉爆炒入鲜锅，风行火锅会打理。

［制作方法］

1. 将牛肉切片装盘，各种时令蔬菜洗净改刀装盘。
2. 锅上火倒入菜籽油、猪油炼熟出香；放入花椒籽、糍粑辣椒、姜蒜片煸炒至熟出味，再下湿豆豉翻炒出香味，倒入鲜汤；调入盐、酱油、白糖、五香粉熬煮出香味。起锅装入火锅盘，撒葱花，上桌涮煮各种食材食用。

（贞丰县鑫源土牛菜馆 制作）

灯笼茄子

酸辣鲜香，肉炽茄软，形色美观。

土猪肉末紫长茄，刀缝塞肉称一绝。
浇汁撒上芝麻粒，造型美观香死爷。

原料

长紫茄	250 克	鸡蛋	1 个
土猪肉末	200 克	熟芝麻	8 克

调料

盐	3 克	姜	5 克
白糖	6 克	鲜汤	80 克
蚝油	4 克	香葱	8 克
糟辣椒	30 克	干淀粉	50 克
蒜	8 克	水淀粉	30 克

【制作方法】

1. 将茄子洗净，从中间剖开成两块，再改刀成每六刀一段的连刀片块；土猪肉末入盆加鸡蛋、姜粒，调入盐、蚝油、葱花、水淀粉，顺一个方向搅打上劲制成馅料；取连刀茄子，两片之间拍入干淀粉，分别填入馅料制成灯笼状生坯。
2. 净锅上火入油，烧至六成热油温，下入茄子生坯炸至熟透呈酱黄色时，捞出装盘。锅留底油，将姜、蒜泥炝香；放入糟辣椒炒出味，加鲜汤，调入盐、白糖等烧煮3分钟出香味，滤净渣料后，用水淀粉勾成浓芡汁，淋上明油，起锅浇在盘中灯笼茄子上，撒上熟芝麻即成。

贞丰酿椒

鲜香软嫩，青辣味浓。

贞丰当地青线椒，留壳去瓤添肉料。
马蹄鸡蛋调淀粉，配好汤汁趁热浇。

原料

当地青线椒……150 克
土猪肉末……150 克
马蹄……50 克
鸡蛋……1 个

调料

白糖……3 克
盐……4 克
胡椒粉……3 克
蚝油……6 克
酱油……5 克
姜……6 克
香葱……8 克
香油……6 克
干淀粉……20 克
水淀粉……30 克

【制作方法】

1. 将青线椒洗净，从中间切开成两半，去除瓤、籽；马蹄切粒，与猪肉末、鸡蛋、姜粒、葱花一起和匀，调入盐、胡椒粉、蚝油、水淀粉搅打上劲制成馅料。
2. 取青线椒块内壁拍上干淀粉，填入馅料制成生坯；锅上火入油，放入酿青线椒生坯，用小火慢煎成虎皮状至熟透，盛出在盘中摆好。锅留底油，倒入鲜汤，调入盐、白糖、蚝油、酱油烧沸，勾二流芡，淋入香油，起锅浇淋在盘中酿青线椒上即可。

（贞丰县这旗海子农家乐　制作）

军粮牛干巴

行军打仗和深山居住，因需要储存肉食而创制了牛干巴。其口感酥爽，香脆化渣。

【制作方法】

1. 将牛干巴治净，用菜刀切薄片。
2. 锅上火入油，烧至五成热油温，下牛干巴炸酥脆。锅留底油，放入干辣椒段、花椒籽煸炒至酥香。再放入姜蒜片稍炒出味。下牛干巴、蒜苗段，调入盐、白糖、酱油、陈醋、花椒油翻炒均匀，撒上熟芝麻翻匀出锅即成。

（贞丰保家老店餐饮文化电商产业园 保勇制作）

原料

牛干巴....150 克

调料

盐......................1 克
白糖...............4 克
酱油...............3 克
陈醋................2 克
花椒籽...........3 克
干辣椒段..20 克
姜......................5 克
蒜......................5 克
蒜苗............10 克
熟芝麻...........2 克
花椒油...........5 克

茶青牛肉

香辣滑嫩，茶香味浓。

【制作方法】

1. 嫩黄牛肉切二粗丝，用盐、料酒、鸡蛋清、水淀粉码匀上浆。鲜青茶尖放入沸水锅氽透，捞出漂净，挤干水。
2. 净锅上火入油，烧至五成热油温，下入牛肉丝爆炒至八成熟滤出。锅留底油，下干辣椒段炝熟，放入青茶尖、姜蒜片煸炒出香味，再放入牛肉丝翻炒几下，调入盐、白糖、蚝油、香油翻炒入味，撒上葱花炒匀，起锅装盘即成。

（贞丰县鑫源土牛菜馆　制作）

原料

当地嫩黄牛肉200 克
鲜青茶尖.........100 克
鸡蛋清......................1 个

调料

盐.......................5 克
白糖................3 克
蚝油................5 克
姜、蒜....各 8 克
干辣椒段..20 克
香葱.............15 克
料酒................6 克
香油................5 克
水淀粉........15 克

白糯染两色，三色紫黑黄。
粽叶分层装，粑甜浓糯香。

三色水晶粽

香甜软糯，粽香浓郁。

原料

黑糯米	200 克
白糯米	500 克
红糖	100 克
紫色草（紫色）	30 克
密蒙花（黄色）	30 克
粽粑叶	200 克

【制作方法】

1. 黑、白糯米洗净浸泡透，取两份白糯米分别染上紫、黄两种色，加入红糖拌匀。
2. 取粽粑叶分层，依次放入不同颜色的糯米，并包裹捆扎成圆锥形。放入沸水锅煮熟捞出，即可食用。

（贞丰县丰茂广场电商馆　提供）

布依美食米花饭，山间植物染米香。
软糯回甜色鲜艳，蒸熟装盘撒红糖。

红糖米花饭

布依族传统美食。用当地山间特有的植物做染料，香味扑鼻。口感软糯回甜，色泽鲜艳。

原料

当地白糯米	500 克
红糖	100 克
密蒙花（黄色）	50 克
紫色草（紫色）	50 克
苏木（红色）	50 克

【制作方法】

1. 将糯米洗净，浸泡 4 小时后滤干水；再分成 3 份，用不同颜色的植物汁液浸泡，分别染成黄、红、紫色。
2. 将几种染过色的糯米与白糯米分别上蒸笼蒸熟，取出装入碗中，撒上红糖即成。

（贞丰县丰茂广场电商馆　提供）

原料

香米……300 克
糯米……300 克
白糖……50 克
紫色草（紫色）……30 克
密蒙花（黄色）……30 克

【制作方法】

1. 把香米和糯米洗净浸泡，取 1/5 染成黄色、2/5 染成紫色。再分别用石磨磨成粉，用细筛筛去粗颗粒，在细米粉中加入白糖并用少许冷水拌匀。
2. 取直径 10 厘米的木质腰鼓形小蒸甑，将拌 匀的细米粉依次分别装入：一层白色粉、二层紫色粉、三层黄色粉、四层紫色粉、五层白色粉。将表面轻轻抹平。将小蒸甑放入专用的锅中，上大火蒸熟即成。

（贞丰县丰茂广场电商馆　提供）

糕粑

糕粑的制作始于清光绪年间，已有100多年历史。贞丰著名地方特色小吃。其外形圆润，松泡似雪，营养丰富，软绵香甜。

香米糯饭呈多彩，专用木甑分层装。
百年名点始传承，营养丰富甜又香。

糯乡汤圆亮，闻香流口水。
内馅有多种，香甜心里美。

糯香汤圆

优质糯米制作的汤圆，加入当地特有的芝麻、苏麻、花生等作馅料。入口爽滑，香糯细腻。

原料

原料	用量
糯米粉	800 克
菠菜汁	50 克
紫薯汁	50 克
五仁糖	200 克
苏麻糖	200 克

【制作方法】

1. 糯米粉倒入盆内，分别与菠菜汁、紫薯汁和匀，揉搓成面团后，分别捏成 12 个大小均匀的剂子。然后包入苏麻糖、五仁糖制成双色汤圆生坯待用。
2. 锅上火加入清水，大火烧沸，下入汤圆煮至浮起，即可装碗上桌。

（贞丰县丰茂广场电商馆　提供）

油香

传统民族食品，融入了地方风味。采用优质原料，古法制作。其色泽金黄，酥香回甜。

清真一香点，纯正色金黄。
入口香酥甜，看到便想尝。

原料

面粉……400克
鸡蛋……1个
酵母……5克
苏打粉……0.5克

调料

盐……4克
菜籽油……适量

【制作方法】

1. 用温水把酵母化开，加入面粉、盐一起和匀揉成面团，密封3小时让其发酵；鸡蛋打散，倒入发好的面团里，再加适量菜籽油、苏打粉和少量面粉，一起和匀揉搓成光滑的面团，再醒发20分钟。把发酵好的面团，分成均等的小剂子，用手搓圆，擀成圆饼生坯。
2. 热锅上火入油，烧至四成热油温时，下入圆饼生坯，炸至两面金黄熟透捞出，沥油即成。

（贞丰保家老店餐饮文化电商产业园 保勇制作）

糯乡牛肉粉

糯乡贞丰保家老店牛肉粉，选用高山放养的黄牛，使用纯天然野生调料，配上贞丰特制的米粉。其肉味纯正，汤鲜粉滑。

原料
- 米粉……150 克
- 熟牛肉……20 克
- 热牛肉原汤……400 克

调料
- 盐……2 克
- 味精……2 克
- 酱油……4 克
- 陈醋……2 克
- 红油辣椒……15 克
- 蒜……6 克
- 芫荽……5 克
- 蒜苗……5 克

保家牛肉最纯真，原汁原味制老汤。
肉香粉韧入口爽，四邻八乡都欣赏。

【制作方法】

将熟牛肉切薄片，米粉入沸水中烫熟，捞出装碗；倒入热牛肉原汤。在米粉表面码匀牛肉片，调入盐、味精、红油辣椒；撒上芫荽末、蒜苗末上桌。上桌后可根据口味需求，再调入酱油、陈醋、蒜瓣等。

（贞丰保家老店餐饮文化电商产业园 保勇制作）

普安

Puan

普安县，取“普天之下、芸芸众生、平安生息”之意，位于贵州省西南部山区。气候四季分明，夏无酷暑，冬无严寒。是贵州独有的立体农业之乡、煤电大县、烟茶之乡。

普安，古夜郎留下了许多传奇

一位长须冉冉的仙翁，
站在古茶树上，脚踏一朵祥云。
挥着手中的羽扇留下一句话，
芸芸众生啊，
普安生息在未来岁月中。
于是普安这个被祝福的名字，
在乌蒙山的丛林里诞生！
南北盘江在这里流过，
江水响起古夜郎的歌声。
铜鼓山留下夜郎国的痕迹，
却不告诉他们当时的情景！
古老存留的茶树啊，
是沧桑历史的见证。

几千年过去了，
如今的普安换了新的面貌。
星罗棋布的小水电站，
照亮了古老大地的夜空！
纯净天然的茶香啊，
引来多少人的一见钟情。
工业园为农耕普安敲响了战鼓，
百里煤海黑波扬帆忙远行。
芦笙舞表达普安人同心同德，
苗家和声唱出普安人的心声。
农业基础更加稳固，
赶超转型让普安万马奔腾！

神秘又开放的普安啊，
正在小康大道上奋勇前行。

千年茶树普安红，苗寨古韵品佳肴

普安，被誉为“中国古茶树之乡”。

普安有着优美的风景，被称为“中国的第二个九寨沟”。普安拥有世界上最古老的四球茶树2万多株，拥有乌天麻、银杏、百合、红皮大蒜、薄壳核桃等特优产品。

有“中国苗族第一镇”之称的龙吟镇。苗族风味菜肴与众不同，极具特色。善用油炸的白壳辣椒炖鸡，香鲜微辣独一味；还有久居深山的清真民族菜肴牛干巴、鸡八块、鸡枞油、番茄酱等，风味独特；林场林下经济中天麻、竹笋和大力发展的鸡鸭养殖，为菜肴提供了原料；原汁原味，健康自然、品质口感极佳。此外，温泉水、盘江鱼都是不可多得的烹饪好材料。

千年古茶既可饮，又能食。制作时灵活运用，先用嫁接之法改良众多大众喜爱菜肴，再结合当地特产和民族饮食文化，创新制作了地方特色菜品。普安红茶

红烧肉，有意想不到的色香味和口感；红茶粉制作的面条，色艳爽滑，口味清新。茶青茶叶均可入菜，其风味更多。普安茶菜肴制作思路，似乎远比其他产茶地区清晰，再加强开拓创新，发展前景会更好。总之，普安的山山水水之间，食材多多，自然天成，美味健康，值得期待。

普安还是黔西南州唯一开通了高铁站的县，这一优势，助推着普安的旅游和美食发展。在黔菜出山、黔货出山和特色农产品风行天下之时，普安顺势而为，正在走新兴发展之路。

凉拌何首乌嫩芽

选用最娇嫩的何首乌嫩芽凉拌，食用时野香爽口，补肾安神通经络，是养生保健佳品。

原料
何首乌嫩芽……150 克
红小米椒圈……8 克

调料
盐……1 克
白糖……4 克
酱油……3 克
陈醋……3 克
水豆豉……5 克
蒜……5 克
香葱……5 克
芫荽……5 克

首乌嫩芽有疗效，补肾安神通经络。
配齐作料鲜辣香，养生保健不可少。

［制作方法］

把何首乌嫩芽洗净，入沸水锅中氽熟捞出。用冷水冲漂凉，沥干水。放入盛器中，下入红小米椒圈、蒜泥、葱花，调入盐、白糖、酱油、陈醋、水豆豉拌匀入味，装盘，上面放芫荽点缀即成。

（普安县南山路胖嘟嘟食品有限公司　江峰制作）

茶香卤拼

原料
- 传统茶香卤水..4000 克
- 猪耳......1 只
- 猪尾......1 只
- 猪舌......1 个
- 炸豆腐干......200 克

调料
- 料酒......20 克
- 盐......3 克
- 酱油......5 克
- 陈醋......3 克
- 蒜泥......10 克
- 姜......20 克
- 香葱......30 克
- 芫荽......15 克
- 红油辣椒......30 克

茶卤是贵州民间传统食品，早期是取红茶之色，实践中觉得茶香味更浓，故而在民间广为流传。台湾美食作家多次寻味这道茶香味浓、有嚼劲的卤拼。

猪耳舌尾各一只，民间传统茶香卤。
吸收茶味再精制，蘸水嚼香润心腑。

【制作方法】

1. 将猪耳、猪尾、猪舌处理干净，放入锅中，加入姜片、葱段、料酒大火氽透，捞出冷水浸泡清洗，去除异味。
2. 传统茶香老卤水倒入锅中上火烧沸。放入猪耳、猪尾、猪舌、炸豆腐干，小火卤至八成熟时熄火，在卤锅中浸泡上色至熟透，捞出晾凉。将卤物分别改刀成片、段，装盘拼摆成形。取味碟，加入红油辣椒、蒜泥，调入盐、酱油、陈醋、葱花拌匀，撒上芫荽段上桌蘸食即成。

（普安县南山路 29 号魏家卤肉店　饶欢制作）

温泉水盘江鱼

北盘江生态鱼和当地大叶青菜用地下温泉水烹制，口感鲜香味美，肉嫩味麻辣。营养丰富，是养生佳肴。

原料

野生盘江鱼1条（1000克）
当地大叶青菜……100克
黄豆芽……50克
温泉水……1000克
干椒段……50克
糍粑辣椒……30克
鲜花椒……20克
小米椒……20克

调料

盐……12克
白糖……6克
酱油……10克
料酒……15克
花椒油……5克
香油……10克
姜……10克
蒜……10克
香葱……15克
芫荽……5克

【制作方法】

1. 将野生盘江鱼宰杀治净，砍成2×6厘米的条；当地大叶青菜洗净切段；黄豆芽洗净待用。
2. 净锅上火入油，下入干椒段、鲜花椒炒出味，再加入糍粑辣椒、小米椒、姜蒜片、香葱段炒香。倒入温泉水烧沸，再下入青菜段、黄豆芽，调入盐、白糖、酱油、料酒、花椒油、香油煮熟捞出装钵内垫底。锅内原汤中放入鱼条，小火慢烧至熟透，大火收汁，起锅装钵，鱼上面点缀芫荽即成。

（普安县温泉路8号温泉大酒店　刘伟制作）

龙吟酸辣鱼

选用北盘江流域，苗族第一镇龙吟镇支流河中生长的鲜鱼，辅以苗家酸辣椒烹煮。吃着酸香微辣，滑嫩爽口。

原料

当地鲜鱼1条（900克）
西红柿……100克
泡辣椒……100克
糟辣椒……50克

调料

酱油……5克
白糖……5克
料酒……10克
花椒籽……3克
姜……20克
蒜……10克
香葱……15克
鲜汤……800克

龙吟苗镇两支河，流入盘江又汇合。
生态水域鱼丰美，酸椒烹鱼鲜香特。

【制作方法】

1. 将鲜鱼宰杀治净，砍成3.5厘米大小的块，装入盛器，放入姜块、葱段、料酒腌制15分钟。西红柿洗净切滚刀块。
2. 锅上火入油，放入姜片、蒜瓣、花椒籽、西红柿煸炒几下，再加入糟辣椒炒香出味；倒入鲜汤，下入鱼块，调入酱油、泡辣椒、白糖，小火烧20分钟至熟。起锅装钵即成。

（普安县东风路礼占招待所　王礼占制作）

龙吟白壳鸡

中国苗族第一镇——龙吟镇的苗族风味白壳辣椒鸡。将本用于油炸的白壳辣椒与鸡同炖，清香微辣，风味独特。

原料

土母乌鸡....1 只（1800 克）
白壳干辣椒................100 克

调料

盐..................................12 克
白糖..................................3 克
胡椒粉..............................5 克
姜....................................15 克
香葱..................................15 克
砂仁..................................3 克
料酒..................................15 克

龙吟是苗镇，白壳自制椒。
土鸡入辣味，香辣成佳肴。

【制作方法】

1. 将土母乌鸡宰杀清洗干净；砍成 3 厘米见方的块，放入水锅，加入姜块、葱段、料酒氽透捞出，冲漂洗净。干白壳辣椒放入油锅炸香。
2. 取铜锅上火倒入清水，下入鸡块、炸白壳辣椒、姜块、葱段、砂仁大火烧沸后，改小火慢炖至熟，调入盐、白糖、胡椒粉炖至入味炟软脱骨即成。

（普安县普天大道苗疆美食苑　骆小伟制作）

乌天麻炖土鸡

普安特有的『黑金』乌天麻，用以炖鸡，美味、滋补、降血脂；天麻粑软，鸡肉香糯，汤鲜味醇。

天麻群里有黑金，乌麻养分胜几分。
天麻土鸡来相会，调理三高比药纯。

原料

当地土母鸡1只(1600克)
乌天麻……30克
红枣……6颗
枸杞……6克
竹荪……15克

调料

盐……12克
胡椒粉……5克
姜……15克
香葱……10克
料酒……15克

【制作方法】

1. 将土母鸡宰杀治净，砍成3厘米大小的块，放入水锅，加入姜块、葱段、料酒氽透捞出，冲漂洗净；竹荪、乌天麻用清水发软。

2. 取砂锅煲装入清水，上大火，放入鸡块、乌天麻、竹荪、红枣、枸杞、姜块、葱段煮沸，改小火，调入盐，慢慢炖至入味粑糯脱骨，再撒入胡椒粉调匀，起锅即成。

（普安县南山路胖嘟嘟食品有限公司　江峰制作）

赵家黄焖鸭

鸭肉肉质厚实、细腻。采用贵州的黄焖手法，辅以青红椒制作，味道清香，肉嫩；香辣爽口。

赵家黄焖鸭，选料质为佳。
制法为家传，香鲜辣当家。

原料

本地水鸭1只（1800克）
青红线椒段……各50克
干辣椒……15克

调料

盐……12克
白糖……8克
酱油……6克
蚝油……6克
料酒……30克
鲜汤……800克
花椒籽……3克
香葱……20克
糍粑辣椒……20克
豆瓣酱……15克
蒜瓣……30克
姜……20克

【制作方法】

1. 鸭子宰杀治净，砍成3.5厘米大小的块，装入盛器，放入盐、料酒、酱油、姜片、葱段腌制30分钟。净锅上火入油，烧至六成热油温，下鸭块炸至色泽黄亮、水分半干时倒出沥油。
2. 锅留底油，下入花椒籽糍粑辣椒、姜块、蒜瓣炒出味，放入豆瓣酱炒香。倒入鲜汤，下入炸好的鸭块。调入盐、白糖、酱油、蚝油小火焖至八成熟，放青红椒段再焖至粑糯脱骨，大火收汁起锅装盘即成。

（普安水电局路口鑫玺农家乐　赵兰制作）

魏宁香酥鸭

魏氏创业上百年，精制卤料药香全。
先腌后炸爆香味，除湿健脾又养颜。

普安麻鸭卤香、砍块、油炸，以麻辣椒粉拌之，佐酒、零食皆宜。

原料

土鸭1只（1600克）
糖色……200克
麻辣椒粉……30克

调料

盐……15克	桂皮……3克	小茴香……3克	
料酒……20克	草果……1个	紫草……2克	
姜块……20克	八角……1个	山柰……2克	
香葱……10克	花椒籽……3克	砂仁……2克	

【制作方法】

1. 将土鸭宰杀治净，放入锅中加水，再加入料酒、姜块、葱段、桂皮、草果、八角、花椒籽、小茴香、紫草、山柰、砂仁大火烧沸；调入盐、糖色，改小火慢卤至八成熟捞出，用砍刀砍成3厘米见方的块。
2. 锅上火入油，烧至六成热油温时，下入鸭块炸至酥脆捞出，撒入麻辣椒粉拌匀即成。

（普安县二中旁魏宁食品加工厂　魏宁制作）

茶香煎鸡蛋

全球最古老的四球茶发源地——普安，其独有的四球茶青煎鸡蛋，茶香味浓，香脆细腻，有一定的食疗作用。

四球古茶世稀有，普安古茶誉全球。
茶叶煎蛋纯天然，营养疗效全都有。

原料

当地土鸡蛋……4个
普安绿茶……30克

调料

盐……3克
香葱……6克

【制作方法】

1. 将普安绿茶用温水泡软，滤出茶叶，挤干水分。再把鸡蛋打入盛器中，调入盐，放入茶叶搅拌均匀。
2. 净锅上火入油烧热，倒入调好的鸡蛋液，小火慢煎成两面金黄香脆的饼。取出控油，改刀成菱形装盘，撒上葱花即成。

（普安县南山路胖嘟嘟食品有限公司　江峰制作）

普安红坨子肉

用普安古茶树红茶烧制传统的红烧肉，入口软糯，肥而不腻。色红、解腻，茶香、肉香，别有一番风味。

原料

当地土猪三线五花肉……800克
普安古红茶……30克

调料

盐……5克
白糖……30克
酱油……6克
姜……5克
香葱……6克
八角……2克
白扣……2克
砂仁……2克

【制作方法】

1. 把三线五花肉处理干净，切成1.5×1.5厘米的块；普安红茶用沸水泡出香味，滤出茶水。取适量茶水与茶叶放入红酒杯，反扣在盘中作装饰。
2. 净锅上火入油，烧至六成热油温，下入五花肉块炸至半干，颜色金黄时倒出控油。锅留底油，下入白糖用小火慢炒制成糖色，倒入红茶水；下入生姜块、香葱段、八角、白扣、砂仁，调入盐、酱油用小火慢烧至色泽红亮、肉软糯时，再用大火收汁，装盘即成。

（普安县环城西路普安味道　提供）

布依农家三绝

当地土公鸡、鲜竹笋、农家腊肉搭配折耳根、糯玉米、青毛豆、鲜青椒等，鲜腊合璧，清香辣香。

原料

土公鸡净肉 100 克
鲜竹笋 ....50 克
农家老腊肉 100 克
折耳根 ....50 克
鲜糯玉米 ....50 克
青毛豆米 ....50 克
鲜青椒 ....30 克
糟辣椒 ....20 克
干椒段 ....15 克

调料

蒜苗 ....10 克
姜 ....10 克
蒜 ....10 克
盐 ....9 克
白糖 ....10 克
酱油 ....6 克
陈醋 ....3 克
胡椒粉 ....3 克
料酒 ....5 克
水淀粉 ....20 克

制作方法

1. 将土公鸡肉切丁，用盐、料酒、水淀粉码味上浆；鲜竹笋切丁，下入沸水锅中氽透控水；将农家老腊肉治净，放入锅中煮熟捞出晾凉，改刀成小丁；折耳根洗净后切成 1 厘米长的段；鲜青椒洗净切小丁；青毛豆米、玉米洗净后放入锅中加盐氽熟。

2. 净锅上火入油，烧至五成热油温时，下入鸡丁、竹笋丁爆炒熟后倒出控油；锅留油，放入糟辣椒、姜蒜片炒香，下入爆好的鸡丁、竹笋丁翻炒几下；调入盐 2 克、白糖 6 克、酱油 3 克、陈醋翻炒均匀，勾芡淋明油，起锅装入剖开的鲜竹筒里。
3. 净锅上火入油，烧五成热油温时，放腊肉丁爆香倒出控油。留底油下入干椒段炝熟出味，放姜蒜片炒香，下折耳根，调入盐、酱油翻炒几下，倒入腊肉丁、蒜苗，调入白糖翻炒入味，起锅装入盘中鲜竹筒内。
4. 另净锅上火入油，放入青椒丁、姜蒜片炒香，下入青毛豆米、玉米，调入盐、胡椒粉翻炒入味盛出，装入盘中鲜竹筒内即成。

（普安县温泉路 8 号温泉大酒店　刘伟制作）

宝石腰花

热石头爆腰花，采用石烹技法快烹保温，使菜品更细嫩，香味四溢。

农家饭庄有创新，不爆腰花用油淋。多种调料全备好，热油淋花香四邻。

原料

猪腰……1对（250克）
洋葱……30克
食用油……100克
火烹石……200克
胡萝卜丝……20克
鲜红小米椒丝……20克

调料

花椒籽……4克
盐……3克
酱油……5克
蚝油……5克
料酒……15克
香油……3克
姜……15克
香葱……15克
水淀粉……15克

【制作方法】

1. 将猪腰洗净，用刀从中部片开，去掉腰臊；切成凤尾花刀；洋葱切圈。将猪腰放入盛器，用盐、蚝油、酱油、料酒、洋葱圈、姜丝、香葱段、胡萝卜丝、鲜红小米椒丝、花椒籽、水淀粉、香油拌匀腌制入味，装盘待用。
2. 净锅上火入油，下入火烹石炸至五成热时，倒入钵内；与腌好的腰花一起上桌。把腰花倒入钢钵并加盖，用油温及火烹石的温度把腰花烫熟即可。

（普安县明泽旱鸭有限公司 王明泽制作）

雀舌风味牛肉

将古茶树雀舌绿茶，泡出茶水；腌制好牛肉再炸香，用之与茶叶炝炒，香辣脆爽，茶香味浓，为佐酒佳品！

原料

- 黄牛肉……250克
- 古茶树雀舌绿茶……30克
- 干椒段……30克

调料

- 盐……4克
- 酱油……5克
- 白糖……6克
- 陈醋……3克
- 蚝油……3克
- 料酒……15克
- 姜……10克
- 香葱……10克

嫩茶尖尖似雀舌，香气浓郁营养多。
茶香入肉炸煸炒，香辣宜人小酒酌。

【制作方法】

1. 将古茶树雀舌绿茶用热水泡出茶水；黄牛肉切片，装入盛器，加入茶水、姜块、葱段、盐、酱油、料酒、蚝油、干椒段腌制30分钟入味。
2. 净锅上火倒入油，烧至五成热油温；下入滤出的茶叶炸香脆倒出。锅留底油，下腌制好的牛肉片小火慢煸至半干捞出；锅留油，下干椒段煸香，再放入牛肉、茶叶煸炒，调入盐、白糖、陈醋翻炒均匀入味，出锅装盘即成。

（普安县环城北路壹号酒楼　王鑫制作）

粽子牛干巴

粽子与牛干巴一同炝炒，菜点合一。粽子香糯，牛干巴回味留香。

粽子牛干巴，菜中一朵花。
切片炸煎炒，鲜香众口夸。

原料

草灰粽子1个（200克）
牛干巴……100克
干辣椒段……20克
花椒籽……3克

调料

盐……1克
酱油……5克
白糖……3克
料酒……5克
姜……6克
蒜……6克
蒜苗……10克
花椒油……3克
香油……3克

【制作方法】

1. 牛干巴洗净切片，粽子切厚片；净锅上火入油，烧至五成热油温时，下入牛干巴炸香脆，控出滤油。
2. 锅留油，下粽子片小火慢煎，至两面色黄脆糯捞出；锅留底油，下入干辣椒段、花椒籽炝炒至熟香酥脆，放姜蒜片炒出味，再放入牛干巴、粽子片，调入盐、酱油、白糖、蒜苗、花椒油、香油，烹入料酒翻炒均匀入味即成。

（普安县南山中路乡巴佬菜馆　钱朝应制作）

小丫口豆腐传统系列菜

小丫口是普安县知名的豆腐村。豆腐品质远近闻名，口感香甜，味道浓郁。用豆腐制作的菜品很多，深受人们的喜爱。

小丫口拌豆腐丝

香辣爽口，豆腐筋道。

原料

小丫口白豆腐干 250 克

调料

盐……4 克
白糖……2 克
酱油……5 克
陈醋……4 克
红辣椒油……15 克
花椒油……5 克
蒜……5 克

【制作方法】

白豆腐干切成二粗丝，放入沸水锅氽透。捞出晾凉，装入盛器。调入蒜泥、盐、白糖、酱油、陈醋充分拌匀入味，再放入红辣椒油、花椒油拌匀装盘即成。

（普安县政协食堂　苏贵凤制作）

丫口豆腐纯天然，制法独创为祖传。
烟熏豆干存腊味，保持长久营养全。

小丫口双椒豆腐干

青辣味香，烟熏味浓。

原料

小丫口烟熏豆腐干..250克
肉末..50克
青红线椒...................各30克

调料

盐...4克
白糖..2克
酱油..3克
姜、蒜..........................各5克

【制作方法】

1. 将烟熏豆腐干洗净，改刀成三角片；青红线椒洗净切圈。
2. 净锅上火入油，烧至五成热油温时，下入切好的三角形豆腐干片炸制，至色泽金黄时滤出。锅留底油，下入姜、蒜片炝香，放青红线椒圈、肉末炒熟出味，然后放入豆腐干片翻炒几下，调入盐、白糖、酱油翻炒均匀入味，起锅装盘即成。

（普安县政协食堂　苏贵凤制作）

青青白白
（葱香豆腐泥）

青香干甜，软嫩爽口。

原料

小丫口白嫩豆腐……300 克

调料

盐……4 克
胡椒粉……3 克
香油……5 克
香葱……15 克
姜……5 克
猪油……35 克

【制作方法】

白嫩豆腐用刀压成泥。净锅上火加入猪油，放入姜粒炝香。再放入豆腐泥翻炒一下，调入盐、胡椒粉、香油翻炒 3 分钟至入味，起锅装盘，撒上葱花即成。

（普安县政协食堂　苏贵凤制作）

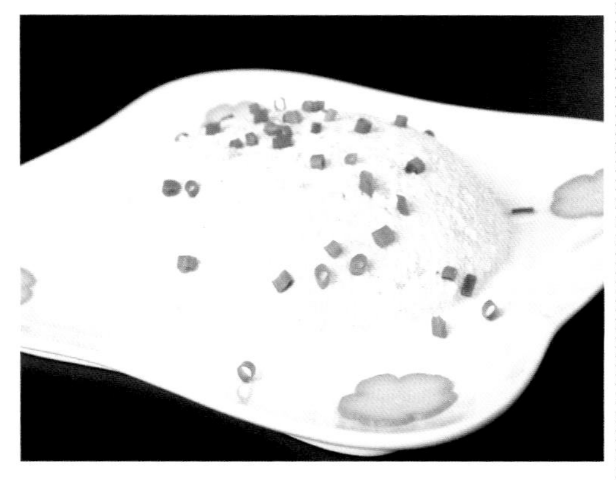

天麻碱水面

普安手工面条，汤鲜味美，面条爽滑、筋道，别有一番滋味。

普安天麻出深山，精细加工碱水面。
天麻祛风面养胃，清香爽口人称赞。

原料

普安碱水面……125 克
熟鸡丝……30 克
熟鲜天麻丝……20 克

调料

盐……3 克
鲜鸡汤……300 克

【制作方法】

1. 将鲜鸡汤上火烧沸，装入面碗。
2. 净锅上火，注入温泉水，大火烧沸。下入碱水面，用中火煮熟透后捞出，装入鸡汤面碗里，放上熟鲜天麻丝、熟鸡丝，调入盐拌匀即成。

（普安县温泉路 8 号温泉大酒店　刘伟制作）

温泉水煮红茶面

用普安红茶和当地手工制作的小白麦面粉，无任何添加。面条口感筋道，茶香怡人，口味清新、爽滑。

原料

普安红茶……30 克
当地小白麦面粉……500 克
温泉水熬制的鸡汤.200 克
肉末……50 克
温泉水……2500 克
糟辣椒……30 克

调料

盐……2 克
酱油……3 克
陈醋……2 克
香葱……15 克

温泉水中富元素，生态小麦无污染。
手工制法更筋道，茶面双香遂心愿。

【制作方法】

1. 用温泉水将普安红茶泡制出味，滤去茶叶。把当地的小白麦面粉倒入茶水中搅拌，并揉成面团，再用手工擀制成红茶面。

2. 净锅上火入油，放入糟辣椒炒香，再下入肉末炒熟入味，出锅作臊子；另起锅上火，倒入温泉水烧沸，下入擀制好的红茶面，煮熟后捞出，滤水后装在钵内，舀入热鸡汤，浇上肉末臊子，调入盐、酱油、陈醋，撒上葱花即成。

（普安县温泉路 8 号温泉大酒店　肖赤敏制作）

余氏豌豆凉粉

百年老店，传统工艺，普安人之乡愁。凉粉酸辣鲜香，实为开胃佳品。

普安城中百年店，余氏凉粉为祖传。
豌豆凉粉需精制，佐料多样容自选。

原料

干豌豆……3000 克
炸黄豆……30 克
熟绿豆芽……30 克
盐菜……15 克

调料

盐……5 克
姜……5 克
蒜……5 克
香葱……15 克
红油辣椒……20 克
酱油……15 克
陈醋……10 克

【制作方法】

1. 取干豌豆 3000 克洗净，用温水浸泡 12 小时，磨成浆，装入盛器，在室温 22℃的条件下沉淀 8 小时。
2. 净锅上火，将沉淀后的豌豆浆上层倒入锅内熬煮，盛器底的白色沉淀留用。熬煮时用勺子顺一个方向不停地搅拌，待浆煮沸后，再把白色沉淀物慢慢倒进锅中，边倒边用力搅拌均匀，继续煮 5 分钟至熟后起锅，倒入盆中，冷却后即成豌豆凉粉。
3. 取豌豆凉粉 300 克，切成片或条状装盘，加入炸黄豆、熟绿豆芽、盐菜、盐、姜末、蒜泥、葱花、红油辣椒、酱油、陈醋拌匀即可食用。

（普安县南中路 34 号　余国柱制作）

晴隆

Qinglong

晴隆县是贵州省黔西南州下辖县，位于贵州省西南部、黔西南布依族苗族自治州东北角，地处云贵高原中段。距省城贵阳市237千米，距州府兴义市166千米。

晴隆山下羊肥茶香机声隆

晴隆是古老而又秀美的地方，
有许多传说让人难以忘怀。

古安南那些战场搏杀的故事，
女神山爱情悲剧令人同情难舍！
二十四拐演绎抗战英雄史诗，
八千里路忠心报国！
历史翻过旧时一页，
如今已走上安稳幸福的新生活。

沪昆高速给晴隆送来捷运，
啊，村村寨寨通汽车。
三条大河十座电站，
机声轰鸣送电波！
薏仁米不再是牲畜饲料，
深加工变为养生抢手货。
三望坪草原养肥了晴隆羊，
一个品牌已端上省城的餐桌！
三宝村牵动省长的心，
移民搬迁让未来日子更红火！
沙子岭茶园飘起令人陶醉的茶香，
龙洞瀑布银龙出世气壮山河！

晴隆不仅仅资源丰富山川秀丽，
新目标又开启新的拼搏，
勤劳智慧的晴隆人啊，
要把晴隆建出自己的特色。

二十四拐书传奇，山羊辣鸡谱新章

晴隆，中国三碗粉美食之乡、中国辣子鸡美食小镇。

首部国际公路抗战剧《二十四道拐》聚焦二战期间亚洲战场上中国战区的运输大动脉——最为险峻的晴隆二十四道拐，上演了“死亡公路”的生命奇迹，唤醒国人的历史记忆，推动了晴隆的旅游与餐饮业发展。晴隆交通便利，资源丰富，地处低纬度、高海拔山区的立体气候非常明显，“一山分四季，十里不同天”特征极为明显。天然的原生态大草场，具有发展草地生态牧畜业得天独厚的自然优势，孕育具有杜泊羊的生长速度、澳大利亚白羊的肉质、克尔索羊的抗病能力、湖羊多产的优良特性的良种羊。晴隆羊具有世界上优质羊的品质，成为晴隆羊肉品牌原料。

晴隆依托良好的人居环境，蕴藏了绿色、健康、生态、丰富的特色食材。因地处高山高寒地带，气候潮湿，人们都喜欢吃辣。早在抗战期间就兴起，并经不断实践和摸索，独创用当地农村饲养的优质土鸡为主要材料，配上优质辣椒（糍粑辣椒）、独头蒜、生姜等辅料，精心制作而成的地方特色风味美食——晴隆辣子鸡。沙子镇辣子鸡美食小镇初具规模，展示了晴隆辣子鸡香、辣、糯、麻，油而不腻，辣而不燥，脆而不焦的特色。

郑记辣子鸡、糍粑辣子鸡、干锅辣子鸡、青椒辣子鸡、泡椒辣子鸡、赵氏辣子鸡、豆豉辣子鸡、毛哥辣子鸡齐齐上阵；三林炸鸡壳、油炸酥肉等佐酒小吃齐凑热闹；山地黄焖晴隆羊、油炸晴隆羊排、脆皮猪脚和晴隆八大碗等地方著名佳肴异彩纷呈；纯手工的生态南瓜饼、豆沙粑组成一道靓丽的美食风景线。边吃边议二十四道拐的过去、现在与将来，边吃边议晴隆美食的过去、现在与将来。

晴隆辣子鸡

中国名菜。晴隆辣子鸡经多代传承，现已将连锁店开到兴义等地，并直接以晴隆辣子鸡命名。制作时采用猛火爆炒。辣椒香辣而不猛，红油丰富而不腻。

原料

土公鸡……2500 克

调料

盐……12 克
白糖……10 克
酱油……10 克
蒜瓣……20 克
花椒籽……5 克
干辣椒……15 克
啤酒……1 瓶
糍粑辣椒……150 克
姜块……20 克
香葱……20 克

郑记辣子鸡，抗战有传奇。
盟军定点菜，祛寒又消食。

【制作方法】

1. 将土公鸡宰杀洗净，改刀成条纳入盆中，加入啤酒、姜块、花椒籽、干辣椒、葱段腌制 30 分钟。
2. 净锅上火入油，烧至五成热油温；下入鸡块炸至七成熟时捞出。锅留底油，下入糍粑辣椒、花椒籽、蒜瓣炒出香味，下入炸好的鸡块，调入盐、白糖、酱油翻炒几下，倒入啤酒，小火焖烧 30 分钟入味至熟，中火收汁起锅装盘。

（晴隆辣子鸡 · 兴义店 郑金丽制作）

传承晴隆辣子鸡之精髓，在传统辣子鸡基础上改良添加多种独家配料烹制而成。口感咸辣适中，香辣软糯；其色泽棕红油亮，香味沁人心脾。

干锅辣子鸡

郑氏金兰干锅鸡，改良制作有创意。
尝其味美人留恋，闻其香鲜健心脾。

原料

仔公鸡1只（1800克）
黄豆芽……150克

调料

盐……10克
白糖……8克
蚝油……6克
酱油……8克
糍粑辣椒……200克
豆瓣酱……20克
花椒籽……6克
五香粉……10克
料酒……20克
姜……20克
香葱……20克
蒜瓣……20克

【制作方法】

1. 将仔公鸡宰杀治净，砍成块状；黄豆芽洗净入火锅盆垫底。
2. 净锅上火入油，下入鸡块炸至金黄时滤出。锅留底油，下糍粑辣椒、豆瓣酱、花椒籽、姜片、蒜瓣炒出香味，下入鸡块翻炒几下，调入盐、白糖、蚝油、酱油、五香粉、料酒、葱段翻炒均匀，倒入适量鲜汤，小火焖烧至入味熟透，起锅装有豆芽的火锅盆里即成。

（晴隆县沙子岭干锅辣子鸡　郑金兰制作）

青椒辣子鸡

青椒辣子鸡，色鲜味清香。
金鸡飞出山，大赛获金奖。

原料

土公鸡1只.1600克
鲜汤……500克
青鲜椒……50克
红鲜椒……50克

调料

盐……10克
白糖……8克
蚝油……8克
酱油……8克
红辣椒油……50克
花椒油……5克
料酒……20克
姜……20克
香葱……20克
蒜瓣……20克

【制作方法】

1. 将土公鸡宰杀治净，并砍成块状，用料酒、姜块、葱段腌制30分钟；青红鲜椒洗净切菱形块。
2. 净锅上火入油，烧至六成热油温时，下入鸡块爆炒至七成熟、颜色为酱红时滤出。锅留底油，下入蒜瓣、青红椒段炒几下，再下入鸡块、红辣椒油、蚝油翻炒匀，调入盐、白糖、酱油、花椒油翻炒出香。再加入适量鲜汤，小火烧透入味，至肉熟皮糯脱骨出锅即成。

（晴隆县豆豉辣子鸡　郑开春制作）

糍粑辣子鸡

曾获得两届黔西南州辣子鸡大赛金奖。

郑家三兄弟，同做辣子鸡。
用料不尽同，糍粑有特性。

原料 土公鸡1只（2000克）

调料

- 盐……12克
- 白糖……10克
- 酱油……15克
- 糍粑辣椒……250克
- 花椒籽……10克
- 甜麦酱……15克
- 菜籽油……250克
- 蒜瓣……30克
- 姜……20克
- 香葱……20克
- 苞谷酒……10克

【制作方法】

1. 将土公鸡宰杀治净，砍成三四厘米长的条块，在盛器中放入姜块、葱段、苞谷酒、酱油腌制30分钟。
2. 净锅上中火入菜籽油烧热，下入鸡块、糍粑辣椒、花椒籽煸干水分；然后放入蒜瓣、甜麦酱翻炒。调入盐、糖、酱油翻炒入味，至糍粑辣椒熟透出香，再加入适量清水，改为小火焖烧至鸡块炟糯脱骨入味，中火收汁起锅，装盘即成。

（晴隆县沙子岭郑家辣子鸡　郑金龙制作）

豆豉辣子鸡

以豆豉辅助为辣子鸡调味，豉香味厚，辣香浓郁。辣而不燥，佐饭佳肴。

> 豆豉有秘籍，主料土仔鸡。
> 虽是家常菜，香辣味各异。

原料

当地土公鸡 2000 克

调料

盐……10 克
白酒……10 克
糍粑辣椒……100 克
花椒籽……10 克
蒜瓣……50 克
香葱……20 克
姜块……20 克
自制豆豉……60 克

【制作方法】

1. 将土公鸡宰杀治净，砍成块；用姜块、葱段、盐、白酒腌制 15 分钟入味。
2. 净锅上火入油，烧至六成热油温时，下入腌制好的鸡块炸至金黄捞出。锅留底油，下入花椒籽炒出味，再放入糍粑辣椒、蒜瓣、自制豆豉炒出香味，将鸡块放入炒香至脱骨，起锅装盘即成。

（晴隆县特色豆豉辣子鸡　李玉珍制作）

泡椒辣子鸡

用泡野山辣椒、青红线椒炒出来的辣子鸡。经过酸辣与青辣的碰撞，成就了这一道美味鸡肴。其口感酸辣清香，开胃爽口。

> 晴隆古时称安南，知县巡视进牛家。
> 泡椒炒鸡待贵客，客商闻香皆下马。

原料

仔公鸡 1 只 1800 克
泡野山椒……50 克
青红线椒……各 50 克
鲜汤……800 克

调料

盐……3 克
白糖……6 克
酱油……8 克
蚝油……6 克
鲜花椒……5 克
花椒油……5 克
姜块……15 克
香葱……20 克
料酒……20 克
红辣椒油……30 克

【制作方法】

1. 将仔公鸡宰杀治净，砍成3厘米大小的块；把青红线椒洗净切斜刀段。
2. 净锅上火入油，烧至六成热油温；下入鸡块炸至色泽金黄滤出。锅留底油，下入泡野山椒、青红线椒、姜块、鲜花椒、葱段炒出香味，再放入炸好的鸡块、红辣椒油、蚝油翻炒几下，调入盐、白糖、酱油、花椒油、料酒、鲜汤，用小火烧熟入味，中火收汁，起锅装盘即成。

（晴隆县小箐聚友山庄　牛廷虎制作）

水煮烩鸡

青辣鲜香，肉炽皮糯。

山间跑鸡肉鲜美，切块煸炒四溢香。
青红椒配西红柿，人间能得几回尝。

原料

土乌骨鸡1只（约1800克）
青、红线椒段……各50克
西红柿……100克

调料

盐……12克
胡椒粉……10克
蒜瓣……20克
姜块……20克
香葱……20克
料酒……10克

【制作方法】

1. 将土乌骨鸡宰杀治净，砍成3厘米大小的块。放入锅中加水，放姜块、葱段、料酒大火汆透。
2. 净锅上火入油，下蒜瓣、姜块、青红线椒段、西红柿块、汆好的土乌骨鸡块煸炒出味；再加入清水，调入盐，用小火炖熟，撒胡椒粉调匀入味，起锅装钵即成。

（晴隆县王厨私房菜　王周平制作）

三林炸鸡壳

黔西南州百年美食争霸赛“十佳百年美食”，地方知名菜肴。此菜选用优质仔公鸡，经精心腌制入味，再以不同火候热油淋炸制而成，作主菜当小食皆宜。此菜口味麻辣，入口亦酥亦嫩，鲜香可口。

三林炸鸡麻辣鲜，麻辣肉香不一般。
百年美食一等奖，成名背后有辛酸。

原料

土仔公鸡1只（1800克）

调料

盐	10克	姜块	20克
干辣椒段	30克	甜酒汁	10克
花椒籽	10克	胡椒粉	10克
五香粉	10克	麻辣椒粉	30克
酱油	8克	花椒油	8克
香葱	20克	香油	5克

【制作方法】

1. 将土仔公鸡宰杀治净，砍成块；装入盛器后，放入盐、干辣椒段、花椒籽、五香粉、酱油、葱段、姜块、甜酒汁腌制3小时入味。
2. 净锅上火入油，烧至六成热油温时下腌制后的鸡块，炸定型。油锅离火降温，用滤勺捞起鸡块；待油温降至四成时，不断舀油淋鸡块，使之成熟。再入六成热油温浸炸，至外酥内嫩时滤出。
3. 锅留底油，放入鸡块，下入麻辣椒粉、胡椒粉、花椒油、香油翻炒均匀入味即可装盘。

（晴隆县人民政府旁三林炸鸡壳　王燕新制作）

脆皮猪脚

猪脚炸皮、腌制，浸汤蒸炽。蹄皮软糯又含脆性，香味浓郁。

莲城镇北桃源店，脆皮猪脚亦有名。
腌制炸蒸有讲究，脆嫩香鲜回味浓。

原料

当地土猪脚 1 只（约 1000 克）

调料

盐……15 克	姜块……10 克
白糖……6 克	香葱……10 克
酱油……8 克	甜酒汁……30 克
胡椒粉……6 克	煳辣椒面……30 克
干辣椒段……20 克	蒜……10 克
花椒籽……6 克	陈醋……8 克
五香粉……5 克	高汤……1000 克
料酒……10 克	

【制作方法】

1. 将土猪脚处理干净，用盐、花椒籽、干辣椒段、五香粉、料酒、姜块、葱段腌制 12 小时。然后放入锅中加水用大火汆透。再取出擦干水后，趁热在猪脚表面抹匀甜酒汁。
2. 净锅上火入油，烧至六成热油温，将处理过的猪脚进行炸制，至色泽红亮时捞出滤油。放入高汤，调入盐、白糖、酱油、花椒籽、干辣椒段及炸好的猪脚，入蒸锅中大火蒸至炽软脱骨。取出后在皮面上打十字花刀。用煳辣椒面、蒜泥、盐、酱油、陈醋、葱花制成蘸水，与猪脚一起上桌即成。

（晴隆县桃源大酒店　罗琪华制作）

香脆酥肉

晴隆流行菜肴，在当地家喻户晓。酥肉口感香脆，深受大众喜爱。

香脆酥肉嫩，进食满口香。
炸艺有学问，食后不能忘。

原料

五花肉	200 克	淀粉	50 克
面粉	100 克	鸡蛋	1 个

调料

盐	4 克	香葱	5 克
料酒	5 克	五香粉	3 克
姜	5 克	麻辣椒粉	5 克

（晴隆县鸿升苑餐饮服务有限责任公司　赵鹏制作）

【制作方法】

1. 将五花肉治净，切成大的厚片，用盐、料酒、姜片、葱段、五香粉腌制入味。将面粉、淀粉、鸡蛋放入盛器，加入适量盐调制成全蛋糊。
2. 净锅上火倒入油，烧至五成热油温。将五花肉片裹上全蛋糊，再放入油锅炸至色泽金黄酥脆时捞出晾凉。
3. 将酥肉改刀成薄片，再放入四成热油温的锅中炸酥脆，捞起装盘，撒上麻辣椒粉即成。

山地黄焖羊肉

采用黄焖工艺，用香辛草药减膻，夜郎酱增鲜。口感香辣粑糯，肉嫩味鲜。

晴隆羊肉成品牌，鲜香辣嫩营养全。
黄焖烹艺选宫廷，秘酱增香药除膻。

原料

当地山羊肉……400克　笋子……200克

调料

盐	3克	自制香料	10克
白糖	6克	夜郎酱	10克
酱油	6克	姜块	10克
干辣椒	15克	蒜瓣	10克
糍辣辣椒	50克	香葱	10克
花椒籽	5克	料酒	10克

【制作方法】

1. 将山羊肉治净，砍成4厘米大小的块，放入盐、干辣椒、花椒籽、姜块、香葱段、料酒腌制30分钟。笋子洗净切滚刀块，放入沸水中氽透滤出。

2. 净锅上火入油，烧至六成热油温，下入腌制好的羊肉块爆干水分捞出。锅留底油，下入干辣椒、糍粑辣椒、蒜瓣、姜块、花椒籽煸炒香，再下入羊肉、笋子、夜郎酱、自制香料稍炒，然后倒入清水，调入盐、白糖、酱油、料酒、花椒油小火焖至粑糯脱骨，大火收汁起锅装盘。

（晴隆县莲城镇老云村紫云组周玉山地羊庄有限公司　李成春制作）

香辣羊排

将腌制入味的羊排用菜籽油炸熟。品质鲜香不膻。口感外酥里嫩，柔嫩可口。

品牌晴隆羊，绿草绕清泉。
草泉造丽质，香嫩纯天然。

原料

当地山羊排....800 克　　熟芝麻.................15 克

调料

盐.................................8 克	芫荽段.................20 克
干辣椒.................10 克	料酒.......................20 克
花椒籽.....................5 克	香料粉.................20 克
姜...........................20 克	酱油..........................8 克
香葱.......................20 克	五香辣椒粉.......30 克
芹菜段.................20 克	孜然粉.....................5 克
洋葱丝.................20 克	

【制作方法】

1. 将整块山羊肋排治净，改刀成一头相连的扇形状，肉面打浅十字花刀后放入盆内，加入盐、干辣椒、花椒籽、姜片、香葱段、芹菜段、洋葱丝、芫荽段、料酒、香料粉、酱油腌制 5 小时至入味。
2. 净锅上火入油，烧至五成热油温，下腌好的羊排炸定型，改为小火浸炸至熟透脱骨，再用中火炸至外脆肉嫩捞出装盘，撒上五香辣椒粉、孜然粉、熟芝麻即成。

（晴隆县沙子镇小寨村晴隆羊庄　李秀河制作）

纯手工南瓜饼

南瓜蒸熟，加糖炒成泥，用糯米纸包上再裹面包糠炸制。口感香甜软糯。

常吃南瓜不用药，安全营养助健康。
手工制作调配料，方便小吃甜又香。

原料

老南瓜……300 克
糯米纸……12 张
面包糠……100 克
鸡蛋……1 个

调料

淀粉……20 克
盐……3 克
白糖……30 克

【制作方法】

1. 将老南瓜削皮洗净，上蒸笼用大火蒸熟取出。净锅上火放油，放入蒸过的南瓜、白糖小火慢炒至泥状取出晾凉。
2. 把鸡蛋打入小碗内，下入水淀粉调匀。取糯米纸包入南瓜泥做成卷状，蘸上水淀粉蛋液，再裹匀面包糠。
3. 锅上火烧油至五成热油温，将裹好的南瓜卷炸定型，再浸炸至金黄酥脆，捞出装盘即成。

（晴隆县百味食府　孙礼文制作）

册亨

Ceheng

册亨县，是一个“山水册页，幸福亨通”的地方。它位于贵州省西南部，地处珠江上游南、北盘江两大支流交汇地带。这里生活着汉族、布依族、苗族等20多个民族的人民。

山水布依，手绣册亨

布依语郎卧，
说你是山地的斜坡。
两盘江滋润你的身躯，
大自然造就秀美的山河。
天然的林地，
天然的草坡，
天然的温室，
盛产天然蔬菜水果！
在这个新的时代，
纯净天然是人们的追求！

布依手绣惊艳世界，
布依戏唱着古老的歌。
郭家洞岩画未解之谜，
难住了多少学者。
星罗棋布的小水电站啊，
让山区人的生活更红火！
三大产业迅猛发展，
未来会有更甜蜜的生活。

啊！册亨县，
你是黔西南一颗升起的新星，
你是黔州大地艳花一朵！

布依山寨第一坊，五彩糯饭万甲习

册亨，中华布依族第一县，中国布依戏之乡。

册亨地处珠江上游南、北盘江两大支流交汇地带，居住着布依、汉、苗、壮、仡佬等20多个民族，少数民族人口占79%，其中布依族占到了76%。册亨在建州前是全国唯一的布依族自治县。这里光照充足，热量丰富，雨量充沛，素有“天然温室”之称。近几年册亨县围绕“生态农业立县、优质农产兴县”的目标，培育了甘蔗、林业、畜牧、蔬菜、水产五大产业，形成了集山、水、林、峰、古今文化及民族风情为一体的优美画廊。

茶油、五彩糯米饭和布依族特色食品为册亨饮食的奇妙之处。销售五色糯米饭的，册亨菜市场平时就有三五家，到了赶场天会有十数家。他们将大甑摆在街中，形成市场，极为壮观，堪为全省之首。市场上的布依族传统食品应有尽有，极具特色。五彩糯米饭，包熟芝麻春蓉拌制的芭蕉心和山野菜，是布依族最美味的食品，用布依话叫“万甲习”（布依语是音译，望谟译成万甲席，翻译成汉语是太好吃了的意思）。万甲习食品厂制作的五色糯米饭、褡裢粑很受人们欢迎。制作时采用现代化真空包装，其成品远销各地。

河滨北路滋味轩餐馆的酸汤牛肉火锅和牛干巴炒小黄豆、布依包菜等，立足传统，真材实料，烹调得当，风味极佳。佐以布依米酒，豪爽过瘾，远近闻名。南盘江河者贵村民间菜，粥佑盐水面等地方风味浓郁，民族风情异彩纷呈。“中华布依美食第一坊”是兴义狮子楼打造的布依族风味餐厅，他们开发研制的册亨地方美食极多。“上房鸡”、“下江鸭”、炸壳鱼等又好吃又好看，当地很多农户依靠制作餐饮商品摆脱了贫困。

晾干构芽

构叶，构树之叶，植物蛋白含量超过大米十余倍。近几年，由中科院牵头研发，创制出以辅助降血糖、抗癌为核心功效的系列食品，其口感清香脆爽，辣香适口。

原料

构树嫩芽尖 ....300 克

调料

盐 ....6 克

酱油 ....6 克

煳辣椒 ....30 克

红小米椒碎 ....30 克

姜 ....8 克

蒜 ....8 克

香葱 ....10 克

> 构树嫩芽有疗效，消炎抗癌降血糖。
> 沸水煮熟装入盘，配好蘸水香辣爽。

【制作方法】

将构树嫩芽尖洗净，放入沸水锅汆熟捞出，装盘。将煳辣椒与红小米椒碎分别装入味碟，并分别调入盐、酱油、姜末、蒜泥、葱花，制成双味蘸水，与装在盘里的构树嫩芽尖一起上桌，蘸食即可。

（册亨县亨秧弄驿站　石中山制作）

构叶煎蛋

鸡蛋与构叶香煎而成，口味香浓，药食俱佳。

构叶煎蛋药食佳，口味鲜香富营养。
装盘点缀彩色美，无需医生开药方。

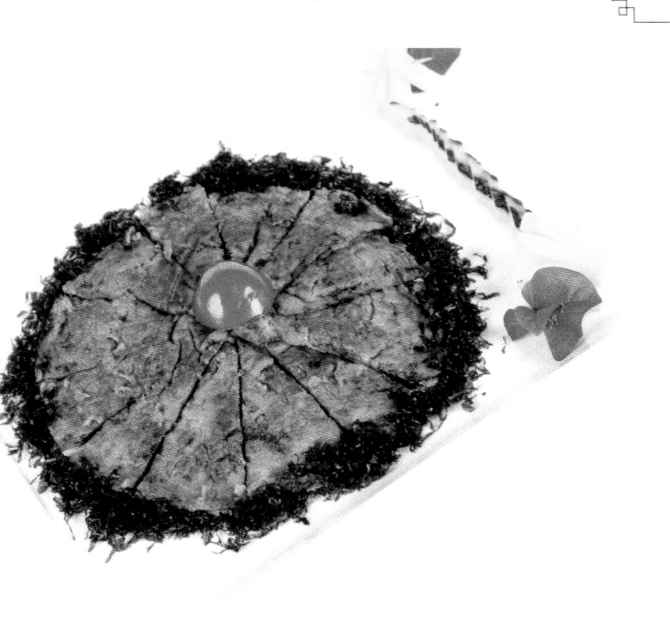

原料
嫩构叶 .... 400 克
鸡蛋黄 .... 4 个

调料
盐 .... 3 克
味椒盐 .... 3 克

【制作方法】将嫩构叶洗净，取一半切丝；放入五成热油温的锅中，炸成构叶菜松。另一半切碎装入盛器，加入鸡蛋黄、盐调匀下入油锅，小火慢煎成饼。出锅后改刀装盘。构叶菜松上撒匀味椒盐，围在蛋饼周围即成。

（册亨县亨秧弄驿站　石中山制作）

蘸水脆构苗

酥炸构叶是原生态构叶食品，乡土菜肴。以鸡蛋清包裹构叶嫩苗油炸而成，口感外酥内柔，药食俱佳。

蛋清包构叶，油炸酥又香。
点缀红米椒，蘸水口福享。

原料
嫩构叶 .... 150 克
鸡蛋 .... 3 个
红小米椒碎 .... 20 克

调料
盐 .... 4 克
酱油 .... 6 克
姜 .... 8 克
蒜 .... 8 克
香葱 .... 10 克
水淀粉 .... 50 克

【制作方法】将鸡蛋打开，蛋清与蛋黄分开。蛋清放水淀粉、盐调成蛋清糊。取嫩构叶裹匀蛋清糊，放入五成热油温的油锅中，炸至酥脆捞出，装盘点缀红小米椒圈。将红小米椒碎装入味碟，调入姜、蒜泥、盐、酱油、葱花制作成蘸水，随炸好的构叶糊一起上桌，蘸食即成。

（册亨县亨秧弄驿站 石中山制作）

香脆地转转

药膳地转转，冬虫夏草之外的另一种虫状植物，具有助消化、镇咳、清热等药效，色泽金黄，口感脆香回甜。

> 是虫非虫地转转，植物取根有疗效。
> 炸成金黄香脆甜，外形奇特口感妙。

原料

地转转……150克

调料

淀粉……10克
椒盐粉……8克

【制作方法】

1. 将地转转治净，放入盛器中，用盐腌制，加入干淀粉拌匀。
2. 净锅上火入油，烧至五成热油温时，下入腌制拌匀的地转转进行炸制，至色泽金黄酥脆时捞出滤油。再调入椒盐粉拌匀，即可。

（册亨县南盘江河者贵村　陆昌钱制作）

双江炸壳鱼

南、北盘江之中的鲤鱼，包括其他有鳞鱼，被布依族人称为壳鱼。此菜肴外脆内嫩，鱼肉筋道，加上小麻辣汁增味，风味独特。

南北盘江鱼儿鲜，鳞鱼如壳非一般。
油炸脆嫩淋调汁，宴席主菜客人欢。

原料

盘江野生鱼 1 条（800 克）

调料

姜……6 克
干辣椒段……30 克
蒜……6 克
花椒籽……5 克
香葱……10 克
料酒……10 克
生抽……5 克
盐……5 克
麻辣椒粉……8 克
折耳根粒……15 克
炸花生碎……10 克

【制作方法】

1. 将野生鱼宰杀治净。从肚面片开，内外打十字花刀，装入盛器，放入姜丝、蒜片、花椒籽、香葱段、料酒、生抽、盐、干辣椒段腌制 15 分钟入味。
2. 净锅上火，入油烧至六成热油温，下腌制好的鱼炸至色泽金黄、外酥内嫩时捞出滤油。装入盘中，撒上折耳根粒、炸花生碎、麻辣椒粉。
3. 锅留适量油，将剩余干辣椒段炝香脆，调入盐，浇淋在盘中鱼上，撒上葱花即可。

（册亨县中华布依美食第一坊　陆昌富制作）

香辣虾爬虫

虾爬虫是布依族人对虾巴虫的爱称。遇到隆重宴席时，即到清洁河畔拦水，翻石捉取，炸脆后制作为菜肴。用干辣椒、花椒籽炝炒，香脆辣麻，十分可口。

原料

虾巴虫……150 克

调料

盐……8 克
白糖……3 克
酱油……4 克
陈醋……2 克
花椒油……3 克
香油……3 克
花椒籽……3 克
干辣椒段……15 克
香葱……10 克

河边石旁虾爬虫，水生动物似蜈蚣。
施盐吐污下油炸，香脆可口营养丰。

【制作方法】

1. 盆内放清水，加入 5 克盐，将虾巴虫放入盐水中养 1 小时，使其排出污物。捞出虾巴虫，放入沸水锅汆透捞出沥干水。
2. 净锅上火入油，烧至五成热油温，下入虾巴虫慢慢炸至酥脆，捞出滤油。锅留底油，下入干辣椒段、花椒籽炒香脆，下入炸好的虾巴虫，调入盐、白糖、酱油、陈醋、花椒油、香油翻炒入味，下入葱花炒匀，起锅装盘即成。

（册亨县餐饮协会　制作）

芭蕉上房鸡

此菜为布依风味。能够爬上房子的土鸡，脂肪较少，是滋补身体的好食材。加上芭蕉肉、青红小辣椒烹制，美味异常。册亨人说到美味时，常有“上房鸡、下江鸭”之说。

白日觅食夜上房，散养土鸡肉嫩香。
芭蕉清香配土鸡，香辣回甜多营养。

原料

土仔公鸡..1只1500克
芭蕉肉......200克

调料

盐......3克
白糖......5克
生抽......8克
干辣椒......40克
花椒籽......5克
蒜瓣......30克
香葱......20克
姜块......20克
料酒......20克
芫荽......5克
老卤水......适量

【制作方法】

1. 将土仔公鸡宰杀治净。锅上火加水放入鸡，并放入姜块、葱段、料酒汆透捞出，用清水冲洗掉血水；卤水锅上火，放入鸡后用大火烧开，改微火卤浸至九成熟，色泽呈酱红时捞出。

2. 芭蕉肉切块，放在砂锅底部，鸡肉改刀成块，拼摆在砂锅面上成形。卤水汁调入盐、白糖、生抽，浇入砂锅；另起锅上火入油，下干辣椒、花椒籽、蒜瓣炝炒出味，淋在砂锅鸡块上，盖上盖子。用小火焖至熟透、汁香味浓时起锅，点缀芫荽即可。

（册亨县中华布依美食第一坊　陆昌富制作）

盐菜扣鱼

咸香味浓，鱼肉酥香。

野生小鱼炸金色，配上盐菜再炝香。
加入调料上锅蒸，五彩鲜丝令眼亮。

原料

野生小鱼……10条（约1000克）
盐菜……400克

调料

盐……8克
白糖……8克
酱油……10克
干辣椒段……10克
姜……15克
香葱……15克
料酒……20克
五彩丝：
葱丝……20克
青红椒丝……20克
胡萝卜丝……20克
大葱丝……20克

【制作方法】

1. 将野生小鱼宰杀治净，用盐、姜片、葱段、料酒腌制30分钟。
2. 腌好提小鱼放入六成热油温的锅中炸，至金黄色时捞出；将其背部朝底，码放入扣碗内；另锅上火入油，下入干辣椒段、姜片炝香；再放入盐菜，调入白糖、酱油炒香后，装入扣碗内的鱼面上，最后封上保鲜膜，入蒸笼蒸熟入味，取出后撒五彩丝即成。

（册亨县餐饮协会　制作）

刺根下江鸭

原生态乡土传统药膳美食。马刺根又名刺蓟，药草类野菜。食之清热解毒，补虚、健脾、开胃口。江边饲养的土麻鸭，肉质甘美，香味浓郁。经煮、炸、蒸三道工序烹制，酥软入味，香味浓厚，味道飘香；肉质酥软可口，其汤汁为回锅蒸馏水，味道极其鲜美。回味有丝丝清幽药香，可谓药食俱佳。

原料

南盘江边养土麻鸭 1只（1600克）
肉末 ……200克
马刺根 ……100克

调料

盐 ……15克
甜酒汁 ……30克
姜 ……15克
香葱 ……15克
料酒 ……15克
水淀粉 ……10克

南盘江边下江鸭，肉质细嫩味更佳。
配上刺根成药膳，解毒健脾人如花。

【制作方法】

1. 将麻鸭治净入水锅，下姜块、葱段、料酒氽透捞出。趁热擦干水，并用甜酒汁抹匀鸭子全身。净锅上火入油，烧至六成热油温，下入鸭子炸至酱红色时捞出，冲去表层油。
2. 肉末中调入盐、水淀粉搅打上劲，制成丸子，放入水锅氽熟；马刺根洗净，放入汤钵，下入鸭子、肉丸、盐调味，入蒸笼蒸4小时至酥香、烂软入味，取出。

（册亨县中华布依美食第一坊　陆昌富制作）

米椒炒鸭

鲜辣酸爽，鸭嫩滑糯。

原料

当地鸭子1只（约1600克）
青、红尖椒……各30克
野山椒……30克

调料

盐……10克
白糖……6克
蚝油……6克
料酒……15克
香油……5克
花椒油……10克
水淀粉……30克
姜、蒜片……各8克
蒜苗……15克

散养土鸭码上浆，九成炸熟再煸香。
青红尖椒配野椒，鸭嫩滑糯人难忘。

【制作方法】

1. 将鸭子宰杀治净，砍成1.5厘米左右的小块，用盐、料酒、水淀粉码味上浆；青、红尖椒洗净切段，野山椒切段。
2. 码好味的鸭块放入六成热油温的锅中，爆至九成熟时捞出。锅留底油，下姜片、蒜片、青红尖椒段、野山椒段煸炒出味。放入爆好的鸭块、加入蒜苗翻炒几下，调入盐、白糖、蚝油、料酒、香油、花椒油翻炒均匀入味，起锅装盘即成。

（册亨县餐饮协会　制作）

布依包菜

乡下腊肉很好吃，用脆生生的鲜嫩生菜把它卷起来食用。口感奇妙，肥而不腻，咸香脆爽，像吃烤鸭一样。

原料
腊肉……150克
生菜……100克
韭菜……50克
绿豆芽……50克
鸡蛋……2个
五色糯米饭……100克
白萝卜……70克
胡萝卜……30克
黄瓜……100克

调料
盐……3克
糟辣椒……6克

包菜吃法如烤鸭，腊肉包入生菜卷。
香脆爽口极方便，人见人爱好休闲。

【制作方法】

1. 将腊肉治净，与五色糯米饭一起入蒸笼蒸熟后，将腊肉切片装盘；生菜洗净，韭菜洗净切段，并与绿豆芽一起入锅中加水放盐，汆熟置凉后装盘；白萝卜与胡萝卜切丝装盘；黄瓜洗净切丝装盘。
2. 鸡蛋打入碗内调匀，净锅上火入油，下入鸡蛋炒散，放入糟辣椒炒香，起锅装盘；取出腊肉、糯米饭，与韭菜绿豆芽、双色萝卜丝、黄瓜丝、炒鸡蛋一起上桌，用生菜叶卷食即可。

（册亨县者楼镇纳广小区河滨北路3号滋味轩餐馆　岑洪文制作）

竹风旭日

布依人家野生黄腊丁鱼肴，借助造型和盘饰，营造美味、美景意境。

布依山寨起竹风，鲜肉鱼香是腊丁。
蛋黄菜中如旭日，美食文化底蕴雄！

【原料】

野生黄腊丁..........200 克
土鸡蛋..........2 个
肥膘肉..........50 克
卤牛肉..........100 克
黄瓜..........2 根

【调料】

盐..........3 克
姜..........5 克
香葱..........10 克
水淀粉..........20 克
料酒..........8 克
蒜泥..........3 克
折耳根粒..........6 克
芫荽..........5 克
酱油..........6 克
陈醋..........3 克
青红小米辣碎..各 10 克

【制作方法】

1. 将黄腊丁洗净，取净肉制成泥；肥膘肉洗净制成泥。鸡蛋打开，蛋清与蛋黄分开。蛋黄加水淀粉调散，入锅煎成蛋皮。
2. 将鱼泥、肥肉泥放入盛器，加适量水顺一个方向搅打，放入鸡蛋清，调入盐、料酒继续搅打 3 分钟，再加水淀粉搅打上劲后，平铺在蛋皮上，约 2 厘米厚。上蒸笼蒸成鱼糕取出，改刀成 4×1 厘米的条，蛋皮面朝上，入盘拼摆成太阳状；卤牛肉、黄瓜制成假山翠竹点缀。
3. 青红小米辣碎放入小碗，下入姜、蒜泥、折耳根粒、芫荽末、葱花、盐、酱油、陈醋制成蘸水蘸食。

（册亨县南盘江河者贵村　陆昌钱制作）

盘江脆皮肉

布依族筵席主菜之一。此菜与粤式脆皮肉相似。布依族人吃脆皮肉，要蘸着辣椒蘸水吃，皮脆肉香，香辣可口。

熟食喂养肉自香，刮皮钉孔调味忙。
炸至金黄皮香脆，布依待客席中王。

原料

自养土猪五花肉 500 克

调料

盐	3 克	红小米辣碎	10 克
姜	5 克	蒜	3 克
香葱	5 克	折耳根粒	6 克
料酒	8 克	芫荽末	5 克
甜酒汁	20 克	酱油	6 克
青小米椒碎	10 克	陈醋	3 克

【制作方法】

1. 将五花肉治净，放入锅中加水上火，下入姜片、葱段、料酒煮至八成熟捞出，擦干水，趁热在表皮面抹上甜酒汁。
2. 净锅上火入油，烧至五成热油温，下入处理好的五花肉，用小火慢炸，至皮脆肉香捞出，改刀成片装盘；将青、红小米辣碎倒入小碗，加入蒜泥、折耳根粒、芫荽末、葱花、盐、酱油、陈醋制成蘸水碟，蘸食即可。

（册亨县南盘江河者贵村　陆昌钱制作）

牛干巴炒黄豆

布依族人喜欢吃牛干巴。来了朋友，“黄豆下酒”。于是，牛干巴炒黄豆就成了布依族人十分喜爱的一道名菜。将牛干巴片炸香，黄豆炸酥，用干辣椒、花椒、姜蒜煸炒，成菜香、脆、酥、辣、麻，下酒最好。

干巴黄豆用油炸，牛肉黄豆多营养。
诗客聚餐皆下酒，香脆酥麻最欣赏。

原料

- 牛干巴……150 克
- 当地小黄豆 .50 克

调料

- 盐……2 克
- 白糖……3 克
- 酱油……3 克
- 陈醋……2 克
- 花椒籽……6 克
- 花椒油……3 克
- 香油……3 克
- 姜……4 克
- 蒜……4 克
- 干辣椒丝……25 克

【制作方法】

1. 小黄豆洗净用清水泡软，入五成热油温的锅中慢慢炸至酥脆；牛干巴处理好后切片。
2. 净锅上火入油，烧至六成热油温，下牛干巴炸至色泽红亮酥香。锅留底油，下干辣椒丝小火煸炒至酥脆出味；再放入酥黄豆，调入盐，放花椒籽、姜蒜片煸炒；然后放入牛干巴，调入白糖、酱油、陈醋、花椒油、香油翻炒入味，起锅装盘上桌即可。

（册亨县者楼镇纳广小区河滨北路 3 号滋味轩餐馆　岑洪文制作）

（册亨县南盘江河者贵村　陆昌钱制作）

盘江楼韵

菜肴、腊味、糯食、糖点等搭配造型，呈现盘江布依山区的自然人文景观。原料有腊肉、香肠、五色糯米饭、卤煮凉菜、野树花、树皮、鸡蛋、面包糠等。

> 布依楼韵是乡情，多种菜点有造型。
> 南盘江边风光美，布依文化融其中。

原料

牛黄喉……200克
毛肚……200克
牛尾……200克
牛鞭……200克
牛肾……200克
牛肚……200克
牛肠……200克
牛黄金……200克
牛脑花……200克
鲜时蔬……200克

调料

小西红柿酸酱……300克
糟辣椒……200克
牛筒子骨……1根
小米辣椒……30克
盐……5克
料酒……50克
菜籽油……800克
姜……50克
芫荽碎……5克
香葱……3克

（册亨县者楼镇纳广小区河滨北路3号滋味轩餐馆　岑洪文制作）

布依酸汤全牛

黔西南风味酸汤多为野生小西红柿发酵和糟辣椒混合制成。滋味轩餐馆的这款酸汤牛肉火锅，由老板亲自采买、加工制作酸汤，并精心保管，一年四季味道不变。牛肉多是整头宰杀或采买，分档取食，分别切片或定时煮制改刀。酸汤醇正，肉杂齐全，味道鲜美，营养丰富，风味独特。

【制作方法】

1. 将需熟制的原料一同入沸水锅中，加入敲断的牛筒子骨、老姜、料酒汆透，捞出冲净，沥干水，放入炖锅内，加清水。置旺火上烧沸，改用小火炖煮，根据原料性质分批取出晾凉；锅中骨汤继续熬制。生食的原料分别切配好后装盘。
2. 按人数取小碗分别放碎小米辣椒、盐、酱油、葱花、芫荽碎制成火锅辣椒蘸水。
3. 锅上火，倒入菜籽油，炒香糟辣椒、西红柿酸酱；再倒入牛骨汤，熬制成酸汤底。带火上桌，配生熟各异的全牛肉杂，蘸食火锅辣椒蘸水。

弼佑盐水面

册亨特色面条，非常筋道，麦香浓郁。该面使用当地原产细粒冬小麦手工磨制的高筋面粉，全程手工制作。

弼佑小麦有传说，产量虽低筋韧多。
盐水配比制成面，高汤鲜香有诱惑。

原料
- 册亨盐水干面条……400 克
- 鲜鸡汤……800 克
- 小西红柿……30 克
- 辣椒嫩叶……20 克

调料
- 盐……8 克
- 胡椒粉……5 克
- 蒜泥……5 克

【制作方法】

净锅上火加水烧沸，下入册亨盐水干面条煮至熟透。捞出控水后装入砂锅，舀入热鲜鸡汤，调入盐、蒜泥、胡椒粉，撒入小西红柿、辣椒嫩叶即成。

（册亨县者楼街道办拥军路 183 号 3 楼通海干锅牛肉馆　杨通海制作）

布依香粽

布依香粽美，常用新稻交。
板栗加鲜肉，望见流口水。

布依族传统风味粽子。用当地上等糯米、五花肉、板栗、猪油、秧草灰、盐、草果粉混合制成，粽香肉香味浓，糯软回甜，油而不腻。

原料

当地糯米……1000 克
五花肉……300 克
板栗……100 克
粽粑叶……300 克
稻草……300 克
秧草灰……100 克
草果粉……10 克

调料

盐……20 克
猪油……50 克

【制作方法】

1. 将糯米洗净沥干水，装入盛器；放入秧草灰搅拌均匀，使米制成黑灰色。五花肉切厚片。
2. 净锅上火入油烧至四成热油温，放入切好的五花肉片、糯米、盐、草果粉、板栗翻炒，起锅晾凉。
3. 将 3 张粽粑叶重叠展开，按每个 250 克，肉 2 片、板栗 4 粒包入粽粑叶，外形长约 15 厘米，呈椭圆形。用稻草捆扎好后，放入锅内加水浸泡 4 个小时；泡好后，上大火煮熟透（锅加盖）即可。

（册亨县　韦如利制作）

褡裢粑

布依族著名糯米食品。在糯米面中加入芭蕉、花生、芝麻、红糖，用芭蕉叶包卷蒸食，口感香甜细嫩软糯，含有芭蕉叶的清香。

（册亨县者楼街道拥军路 183 号万甲习特色食品厂　陈应琼制作）

糯米芭蕉搭一起，花生芝麻增香气。
布依民族节日糕，软糯回甜成礼品。

原料

糯米粉……300 克
烤花生碎……50 克
熟芝麻……30 克
红糖……30 克
芭蕉……100 克
鲜芭蕉叶……适量

【制作方法】

1. 将芭蕉叶洗净，剪成 13x20 厘米的片，放入沸水锅中氽透，捞出沥干，在上面刷上食用油；把花生碎、熟芝麻、红糖拌匀制成馅料。
2. 将芭蕉压成泥状，揉入糯米粉，并加水搅拌制成 10 个糯米团生坯。将馅料包入生坯，再用芭蕉叶包成长方形，放入蒸笼蒸 30 分钟至熟，即成。

五色糯米饭

布依族传统美食。具有黄、黑、红、紫、白五色，五彩艳丽。米香夹着植物的清香，香味扑鼻。

布依故事有传说，五女采山寻彩色。植物泡色蒸糯米，软糯清香疗效多。

原料

当地白糯米……500 克
白糖……100 克
枫香叶（黑色）50 克
密蒙花（黄色）50 克
苏木液（红色）50 克
紫色草（紫色）50 克

【制作方法】

1. 将糯米洗净，浸泡 4 小时后沥干水，分成 5 等份。其中 4 等份用不同颜色的植物汁液浸泡，分别染成黑、黄、红、紫色。
2. 将 4 种染色糯米与白糯米分别上笼蒸熟，取出装入盘中摆成造型，撒上白糖即成。

（册亨县者楼街道拥军路 183 号万甲习特色食品厂　陈应琼制作）

望谟

Wangmo

望谟县地处云贵高原向广西丘陵过渡的斜坡地带，全县国土面积3005.5平方千米，人口28.3万人，有布依族、苗族、汉族等15个民族。望谟被称为“中国布依族古歌之都”“中国传统纺织文化之乡”。

望谟在呼唤

北盘江用清澈的波涛，
在呼唤！
盛开桐油子花的群山，
在呼唤！
石头寨里八音坐唱，
在呼唤！
香气四溢的多彩美食，
在呼唤！

望谟啊，你是养在深闺人未识的美女呀，
被大山丛林掩盖了许多年。
一股强劲改革开放之风，
让你在人们视野里巍然重现！
自然环境造就了你的美丽，
大产业促进山区经济发展。
快速转型，
扶贫攻坚。
打造西南出海的新航线！

看吧，格桑花满山遍野开放，

那簇簇红杨梅给人带来许多期盼！

你是一处尚未开发的处女地，

这里充满诱人的梦幻。

一条条新建的高速公路，

正和全国紧密相连。

后发赶超，

策马扬鞭！

像北盘江上的浪花，

全面推进，奋勇向前！

热情好客布依族，河中至鲜在两江

望谟的山，峰峦接天，大气磅礴，巍峨般平地拔起；望谟的水，波澜壮阔，小桥过川，宏大与秀美并存；望谟布依儿女是最热情的东道主，其民族特色，绝美乡情，是独一无二的风景线。望谟源自“王母”之意，县城设有王母街道办。南、北盘江和红水河的两江一河的独特地理优势，和亚热带湿润季风气候，使望谟具有明显的春早、夏长、秋晚、冬短的特点；望谟雨热同季，中部和南部地区农作物一年三熟，其他地区一年两熟。拥有甘蔗、油茶、火龙果、澳大利亚坚果、芒果、板栗等万亩果园基地和特色牧养猪、牛、羊等养殖基地；“林下绿壳蛋鸡万羽，优质无公害蔬菜万亩，红缨子高粱和中药材万亩”构成望谟美食绿色生态屏障。

传承百年的传统米食板陈糕、米线糖、五色糯米饭、褡裢粑深受人们喜爱，风情风味浓郁。黄豆鱼、酸笋鱼、清水鱼、酸菜花干板菜煮鱼、煮鸡等长期生活积累下来的两江一河和麻山山区周边人们的风味家常菜，源远流长。麻山山区的移民搬迁，还原生态，方便人民，也提供了更加丰富的生态食材。板栗是望谟新推的经济作物，特殊的生长环境，使其高产高营养，口感上佳，被厨师运用于菜品中，为望谟的饮食增添了新风采、新亮点、新口味。

酸汤米豆腐

用农家自酿米酸汤浸拌地方特色米豆腐，辅以煳辣椒、鲜小米椒拌食，口感香辣酸爽，开胃生津，冰镇食用，口感更佳。

祖传米豆腐，米料必精选。
酸汤控浓度，清凉消暑显。

原料

米豆腐……250 克
米酸汤……300 克

调料

盐……12 克
香葱……30 克
红小米椒圈……30 克
煳辣椒……30 克
木姜子油……8 克

【制作方法】

1. 将米豆腐切 1 厘米见方的丁。
2. 净锅上火，倒入米酸汤烧沸。调入盐、木姜子油，起锅装入钵中置凉，然后放入米豆腐，小碗内装入葱花、小米椒圈、煳辣椒，与米豆腐一起上桌。食用时将米豆腐盛入小碗，放葱花、小米椒圈或煳辣椒拌食即可。

（望谟县桑郎镇桑郎村　蒙秋霞制作）

酸菜花煮清水河鱼

选用油菜花酸菜、望谟清水河野生鱼、野生小西红柿、花椒制作，是一道酸、爽、鲜香的乡土风味特色佳肴。

油菜苗儿制酸菜，清香微酸有特点。
河鱼菜花慢火煮，尖椒红柿鲜辣显。

原料

原料	用量
望谟清水河野生小鱼	150 克
当地油菜苗酸菜	100 克
野生小西红柿	30 克
红小米椒	20 克
鲜汤	800 克

调料

调料	用量	调料	用量
盐	5 克	姜	5 克
米酒	8 克	香葱	8 克
白糖	5 克	花椒籽	3 克
胡椒粉	3 克	猪油	5 克

【制作方法】

1. 将油菜苗酸菜洗干净，切成 2 厘米长的段；野生小西红柿洗净切块；红小米辣洗净切圈；小河鱼宰杀治净，放入盛器中，放入盐、米酒、姜片、葱段腌制 30 分钟。
2. 净锅上火，入猪油烧热，下入姜片、红小米尖椒圈、花椒籽炒香。放酸菜、西红柿稍炒，倒入鲜汤，调入盐、白糖、胡椒粉，最后放入腌制好的小河鱼煮至熟透入味，起锅装钵，撒葱花即成。

（望谟县布依街王母酒楼　王大武制作）

黄豆小鱼

精选当地小粒奇香黄豆、河中野生小鱼，干煸、炝炒。口感香酥脆爽，香味浓郁，是佐酒佳肴。

黄豆煸小鱼，香脆两伴侣。
鱼豆下酒菜，品味话友谊。

原料

当地小鱼仔 ....200 克
酥脆小黄豆 ....50 克

调料

盐	4 克	蒜	5 克
白糖	4 克	料酒	10 克
酱油	5 克	五香粉	3 克
陈醋	2 克	花椒油	5 克
鲜红小米椒段	10 克	香油	3 克
干椒段	15 克	香葱	10 克
姜	5 克		

【制作方法】

1. 将小鱼仔宰杀治净。放入盛器，加入盐、酱油、料酒、五香粉、姜片、葱段腌制 30 分钟，去腥入底味。
2. 净锅上火入油，烧至五成热油温，下入腌制好的小鱼仔慢火炸至酥脆捞出。锅留底油，下干椒段炝香，放入鲜红小米椒段、姜蒜片煸炒出味，加入炸好的小鱼仔、酥脆小黄豆；调入盐、白糖、陈醋、花椒油、香油翻炒均匀，下葱花翻转起锅装盘。

（望谟县布依街王母酒楼　王警制作）

干板菜炖当地鸡

板栗补肾壮身体，仔鸡营养全凑齐。
砂仁健胃又提香，顾客吃了都满意。

望谟特色食材干板菜与当地农家养的上房土鸡制作而成。鸡鲜味美，干板菜酸爽开胃。

原料
- 土仔母鸡 1 只（1800 克）
- 当地特色干板菜 300 克

调料
- 盐……3 克
- 胡椒粉……6 克
- 姜……15 克
- 香葱……10 克
- 米酒……10 克

【制作方法】

1. 将土仔母鸡宰杀治净，砍成 4 厘米大小的块；干板菜用冷水发软洗净，切成长 3 厘米左右的段。
2. 净锅上火入油，下入姜块、葱段、鸡块并用中火煸炒出味。再烹入米酒，倒入清水，大火烧沸，同时去掉浮沫。然后倒入煲锅，改小火慢炖至熟，调入盐、胡椒粉煮入味即可。

（望谟县布依街冯记家常菜馆　冯杰制作）

布依板栗烧猪排

山城望谟产板栗，质量上乘有名气。
猪排板栗一锅烧，红醋上色用少许。

望谟板栗制作的布依传统乡土菜肴，是乡宴主菜之一。口感酸甜适口，排骨酥香脱骨、板栗软糯。

原料

猪肋排骨 500 克
当地板栗 200 克
熟芝麻 ....5 克

调料

盐 ....5 克
酱油 ....10 克
白糖 ....50 克
红醋 ....25 克
姜块 ....10 克
香葱 ....10 克
料酒 ....5 克

【制作方法】

1. 将排骨治净，砍成块，放入盛器中，加入盐、酱油、姜块、葱段、料酒腌制 15 分钟；板栗洗净，放入沸水锅氽透捞出。
2. 净锅上火入油，烧至六成热油温，下入腌制好的排骨炸至酱红色沥出。锅留底油，下入排骨、板栗、白糖稍炒，再倒入清水漫过排骨，大火烧沸后，改小火慢烧至熟透，调入红醋烧入味收汁，出锅装盘，撒上熟芝麻即成。

（望谟县布依街冯记家常菜馆　冯杰制作）

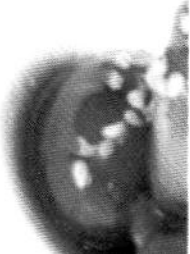

麻山腊三拼

地道布依传统风味菜。选用当地熟食喂养的土猪制腊肉、香肠及当地豆腐制作的血豆腐。三味合蒸，色泽油亮，腊香味浓，入口粑糯。

山乡养身喂熟料，肉质嫩来豆腐好。
各自精制拼三样，下酒诗客少不了。

原料

当地土猪腊肉 100 克
香肠……100 克
血豆腐……100 克

【制作方法】

1. 腊肉用明火烧皮，热水泡软洗净。将香肠、血豆腐用温水洗净；腊肉、香肠、血豆腐一起放入蒸笼用大火蒸熟取出置凉。
2. 腊肉、香肠、血豆腐改刀成片，拼摆入盘中成形，入蒸笼蒸热取出即可食用。

（望谟县安河小区盛发酒楼　王封桂制作）

布依特色干锅牛肉

特色食材盘江小黄牛肉及牛肚，质感紧实而细嫩鲜香。干锅成菜，先炒后煸，风味独特，越吃越香。

干锅牛肉选黄牛，肉质鲜嫩增肌强。
加添牛肚利肠胃，调料配齐满口香。

原料

盘江小黄牛肉300 克
千层毛肚……100 克
芹菜……50 克
白萝卜……100 克

调料

盐……6 克
白糖……3 克
酱油……8 克
花椒籽……5 克
花椒油……6 克
干辣椒段..20 克
糍粑辣椒..50 克
五香粉……10 克
蒜苗……10 克
薄荷……8 克
姜蒜片.各 10 克
米酒……6 克
水淀粉……15 克

【制作方法】

1. 将盘江小黄牛肉洗净切片，放入盛器中用盐、米酒、水淀粉码匀上浆；千层毛肚洗净切成条；芹菜切段；白萝卜洗净去皮切条，放入干锅中垫底。

2. 另起锅上火入油，烧至五成热油温，下入牛肉爆至八成熟捞出。锅留底油，下入干辣椒段、花椒籽、姜、蒜片炒香出味，再放入糍粑辣椒、五香粉炒熟。下入毛肚、牛肉、芹菜翻炒几下。调入盐、白糖、酱油、花椒油翻炒入味。下入蒜苗、部分薄荷煸炒出香，起锅装入干锅内萝卜条上，点缀鲜薄荷即成。

（望谟县望江新城步行街黎记私房菜馆　黎崇华制作）

吉祥开心豆腐

布依人家手工制作的豆腐，原生态清香。经油炸后，再用青椒、西红柿、肉末炒成汁拌食，鲜香微辣，入口嫩滑，营养丰富。

原料

当地手工豆腐1块（500克）
肉末……50克
青椒……50克
西红柿……30克
炸花生米……20克

调料

盐……5克
白糖……2克
胡椒粉……3克
香油……5克
姜……5克
香葱……10克
鲜汤……150克
水淀粉……15克

【制作方法】

1. 将青椒、西红柿洗净切粒。豆腐用温盐水浸泡30分钟；加入少许盐作底味，后捞出沥干水。
2. 净锅上火入油，烧至六成热油温时下入豆腐，炸至色泽金黄时捞出装盘。锅留油，下姜末、肉末、青椒粒、西红柿粒炒出香味，倒入鲜汤，调入盐、白糖、胡椒粉烧入味。用水淀粉勾芡，淋入香油，起锅浇在盘中豆腐上，撒上炸花生米、葱花即成。

板陈糕

板陈糕因黎吉1889年创于望谟县板陈村得名。曾先后获得贵州、广州、香港多项传统名点和健康食品奖项。它以糯米、薏仁米为主料，搭配核桃、花生、芝麻、小麦胚油等制成，糕皮洁白，层次分明；口感柔软，馥郁回香。

原料

当地糯米……1000克
馅料……1000克
（核桃仁、花生仁、芝麻制成）
猪油……50克
白糖……500克
蜂蜜……100克

【制作方法】

1. 取当地糯米用火炒熟，磨成糕粉；取其中三分之一加白糖压成糕皮。将馅料炒熟拌匀并取三分之二糕粉与馅料、蜂蜜、猪油拌均匀制成糕坯。
2. 取一片糕皮，放上糕坯，再放一层糕皮压10分钟，待压实定型后，切成块即可。

（望谟县复兴镇八一路111号板陈糕点厂　黎显武制作）

贵州名点板陈糕，为民健康选精料。
馈赠亲朋称佳品，民族美食确自豪。

米线糖

传统糖食。因稻芽糖熬好后要放在黄豆粉上拉捆成丝，又名『丝丝糖』。此糖入口即化，同时具有麦芽糖和豆面的香味。

原料

糯米……3000 克
鲜麦芽……150 克
黄豆……2000 克

（望谟县桑郎镇桑郎村　周松密制作）

【制作方法】

1. 将鲜麦芽舂蓉；黄豆洗净，入锅炒熟至香脆，用石磨子磨细，再用筛子筛去豆壳粗粒，制成黄豆粉。
2. 糯米淘洗干净，用大锅加水熬煮成稀粥；用麦芽浆点制清汤，滤渣留汁，继续大火熬干，至色红浓稠时取出。将一头挂在木桩上，反复不停地拉扯，直至成丝。最后撒上黄豆粉保存，晾凉即可。

青椒蜂蛹

俗称天上人参的野生蜂蛹，经油炸至脆，与西红柿、小米椒溜炒，鲜辣脆爽，野味豪放。

原料 野生蜂蛹 100克　小米椒 30克　西红柿 30克

调料 盐 3克　胡椒粉 3克　蒜 5克　姜 5克　香葱 5克　香油 3克

【制作方法】

1. 将小米椒洗净切圈；西红柿洗净切小丁；蜂蛹治净入沸水锅氽透捞出沥干水。
2. 净锅上火入油，烧至四成热油温，下入蜂蛹慢炸至色泽金黄酥脆时捞出。锅留底油，下入蒜泥、姜末、小米椒圈炒香出味后，放入炸好的蜂蛹，调入盐、胡椒粉，下西红柿丁、香油翻炒入味出香，撒上葱花即成。

（望谟县布依街冯记家常菜馆　冯杰制作）

后记

餐饮经济关联非常广泛，链接上下左右众多产业链。恰逢贵州大旅游、大健康、大数据时代，黔西南州餐饮高速发展，斩获殊荣甚多。尤其是在黔菜出山、黔货出山、贵州特色农产品风行天下大的背景下，大美黔菜品鉴展示活动的春风吹遍了金州大地，吹响了扶贫攻坚和全面建成小康社会的号角。

名不见经传的黔西南风味菜，曾经只有兴义小吃和布依族美食在贵州是响当当的品牌，后来成立了黔西南州民族烹饪协会，并过渡为黔西南州餐饮行业协会，举办了黔西南州烹饪大赛、黔西南州美食文化节、百年美食争霸赛等活动。随后的中国饭店协会扶贫黔西南，使黔西南州获得国家级美食之乡和绿色食材采购基地等城市品牌，再加上国际山地旅游的名头，二者相得益彰。《中国黔菜大典》寻味黔菜考察宣传和大美黔菜品鉴展示活动的全面开展，使黔西南美食渐渐浮出水面，它的俊美让专家感叹、市民惊叹：原来黔西南黔菜如此之美，金州味道如此之美！

作为州县政协大美黔菜活动落地项目，当时州政协组织了省州专家到各县评选，各县政协拿出看家本领，餐饮企业积极参加推选了黔西南的风味菜，得到全省人民和业界的高度赞扬。受州政协委托，州饭店餐饮协会快速响应，以图片、诗歌和菜品文化、食材推荐等形式出版了《金州味道》，向外界推介了黔西南黔菜。又用了近一年时间，细心整理、编撰适合于社会各界，尤其是餐饮行业和家庭主妇的《黔西南风味菜》，翔实、全面地解读黔西南风味菜。此书可以作为厨师和家庭制作者的参考资料，也可以作为职业院校和培训机构的培训教材，又可以作为企事业单位机关和游客的餐饮指南。州县政府和相关机构可以作为礼品图书推荐馈赠，相关研究机构可以把它当作一个时期历史资料进行收藏和研究。

《黔西南风味菜》的出版，得到业内外专家和政府、政协的大力支持和帮助，在此一并表示最诚挚的谢意。时间紧，涉及范围广，分工较多，编撰过程中难免有遗漏和笔误之处，敬请谅解和指正，便于我们在修订时更正。

编　者

2018 年 5 月 18 日于中国金州 · 黔西南

图书在版编目（CIP）数据

黔西南风味菜 / 张智勇主编. -- 青岛：青岛出版社, 2018.6

ISBN 978-7-5552-6979-3

Ⅰ. ①黔… Ⅱ. ①张… Ⅲ. ①饮食—文化—黔西南布依族苗族自治州 Ⅳ. ①TS971.202.732

中国版本图书馆CIP数据核字(2018)第091431号

书　　名　黔西南风味菜
主　　编　张智勇
出版发行　青岛出版社
社　　址　青岛市海尔路182号（266061）
本社网址　http://www.qdpub.com
邮购电话　13335059110　0532-68068026
策划编辑　周鸿媛
责任编辑　逄　丹　肖　雷
特约编辑　胡文柱　马晓莲　李春慧
封面设计　宋修仪
设计制作　胡文柱 贵州茂钊文化传播有限公司　魏　铭　叶德永
图片摄影　潘绪学
制　　版　青岛帝骄文化有限责任公司
印　　刷　荣成三星印刷有限公司
出版日期　2018年7月第1版　2018年7月第1次印刷
开　　本　16开（710mm × 1010 mm）
印　　张　14.25
字　　数　200千
图　　数　199 幅
印　　数　1-10000
书　　号　ISBN 978-7-5552-6979-3
定　　价　49.80元

编校印装质量、盗版监督服务电话　4006532017　0532-68068638
建议陈列类别：生活类 美食类